KB264258

서울의 도시구조와 도심체계

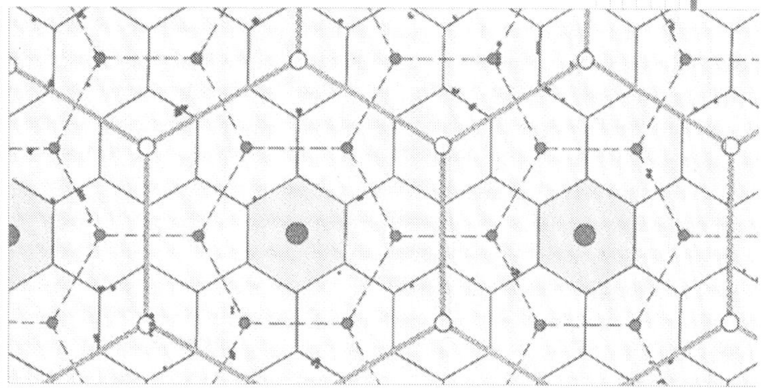

기능특성 분포를 통해서 살펴본

서울의 도시구조와 도심체계

김주일 지음

한국학술정보(주)

도시계획 분야를 연구하다 보면 다른 분야와는 다른 독특한 매력을 느끼는데, 이는 도시라는 소재를 놓고 꼭 전문적이고 학문적 차원이 아니라도 여러 차원에서 그 본질을 재미있게 탐구해 볼 수 있다는 점이다. 같은 도시를 놓고도 마치 한 소설의 배경처럼, 여행과 탐험의 대상처럼 여기는 관점이 있는가 하면 도시의 각종 기능들과 교통체계를 놓고 복잡한 모형과 프로그램을 통해 분석해서 무언가를 찾으려는 논증적 관점도 존재한다. 어쩌면 물과 기름같이 섞이지 않을 듯 다른 관점들이지만, 인간이 만들고도 스스로도 파악하기 힘들 만큼 참으로 복잡미묘하고 미스터리하며 매력적인 도시라는 공간은 이러한 관점 모두를 동원해야 하도록 만들고 있다. 그래서 내 생각에는, 도시를 공부하는 사람이라면 이러한 여러 관점 모두를 섭렵해야 하며, 특히 도시를 자유롭게 여행하면서 일상 속에서 새롭게 발견할 수 있어야 한다고 본다. 이 연구 역시 도시 공간에 대한 분석과 실증의 모양을 띠고는 있지만, 사실 그 바탕에는 이러한 도시에 대한 자유로운 여행과 탐험들이 자리 잡고 있지 않는가 생각한다. 어린 시절부터 서울의 종로와 을지로의 구석구석을 자주 살펴보고 다닌 일들, 그러면서 그곳에 자리잡은 기능들과 그 변화를 관찰하며 신기해하고 흥미를 느끼며 지냈던 시간들이 있었다. 어쩌면 이 연구는 이미 그 시절부터 시작되고 있었던 것이 아닐까 생각한다. 그러고 보면, 일상적으로 경험하는 우리의 삶터 자체가 또한 학문의 대상이기도 하니, 도시 분야는 참으로 재미있는 분야이며, 그러면서 우리 삶터를 바르게 이끌어 나간다는 점에서는 또한 무척이나 보람 있는 분야가 아닐 수 없겠다.

도시 분야 중에서도 세부적으로는 도시설계를 공부하면서 주로 도시 공간을 구성하는 여러 건물과 도로, 외부 공간, 그리고 그들이 지니는 특성들에 따른 공간의 질에 대해서 많이 관심을 가졌었다. 그러나 한편으로는 도시를 구성하는 보다 근본적인 힘들에 대한 고찰을 해 보고 싶다는 생각에 이론적인 부분으로 거슬러 올라가 보게 되었다. 그러다 보니 도시지리학이라 불리는 방대한 분야를 만나게 되고 생각보다 상당히 이론적인 측면에서부터 시작하는 연구가 되어 버렸다. 물론 어느 분야에서 보더라도 졸저요, 부족하다는 점 숨길 수 없는 사실이겠으나, 보다 근본적이고 학술적인 분야를 도시계획 및 설계라는 실무적 분야에 좀 더 가까이 가져오려는 시도였다는 점에서 스스로 위안을 삼아 보려고 한다. 아무쪼록 이 연구가 도시를 바라보는 정책가와 연구자의 시각을 업그레이드하는 데 도움이 되면 좋겠다.

어쨌든, 개인의 연구논문으로 그칠 수도 있었던 졸저를 건설교통부와 국토도시계획학회가 좋은 평가를 내려 주었고, 그 덕분으로 이렇게 단행본으로 출간도 하게 되었으니, 나로서는 행운이 아닐 수 없다. 졸저를 수상작으로 선정해 준 건설교통부와 국토도시계획학회, 그리고 출간을 제의하고 책임져 주신 한국학술정보(주) 대표님 및 직원 여러분들께 감사드린다. 또한 이 연구를 시작하고 마무리함에 있어 지도교수이셨던 안건혁 교수님의 도움과 격려를 생각하지 않을 수 없다. 내가 가는 분야에서 마스터로 우뚝 서 계시면서 지도교수로서 이끌고 가르치셨던 바를 기억하며 늘 감사할 따름이다. 역시 연구 진행과정에 조언을 아끼지 않으신 구자훈 교수님, 최막중 교수님, 이창무 교수님, 고승영 교수님께 또한 감사하다는 말씀을 전해 드리고 싶다. 모두 앞장서서 바삐 달려가시는 학자들이시거니와, 그러한 와중에도 후진을 이끌어 주시는 수고를 감내하신 고마우신 분들이다. 끝으로, 내 인생에 빛과 지혜로 다가오신 하나님께 감사하며, 출간하는 중에 새롭게 허락하신 삶터인 한동대학교에서도 기쁨으로 가르침과 연구의 길을 가도록 도와주시기를 기도하며 이만 줄이고자 한다.

▌제3장 서울 도시구조 분석을 위한 기본고찰　99

제1장 서 론

1. 연구의 출발점

1) 중심성, 위계: 공간질서의 일반성

도시 공간상에서 일어나는 활동들은 단순히 임의적으로 분포하기보다는 공간 특성에 따라 일정한 영역과 패턴을 가지면서 분포하게 된다. 공간상의 모든 활동은 자연적인 제약, 활동의 범위와 한계, 자원의 유한함에 의해 영향을 받게 되고, 이에 따라 인간이 공간을 활용하는 방식 역시 특정한 질서와 규칙을 가지는 방향으로 발전하게 되는 것이다. 그리고 그 결과로, 인간의 활동공간들은 각각 그 범위가 정해지는 영역적 특성을 가지게 되었고, 각 공간마다 구분이 가능한 기능적인 차이를 만들게 되었으며, 이러한 결과 기능과 활동이 집중되는 중심적인 지역과 그렇지 않은 지역의 차이 - 공간의 위계적 특성 - 가 나타나게 된다. '영역성', '중심성', '위계적 성질' 등으로 표현될 수 있는 이러한 특성은 인류의 활동의 중심이 되어 온 도시에서 더 구체적으로 나타나고 있으며, 인간의 활동이 집중될수록 더욱 체계적 특성으로 나타나게 된다.

이러한 '중심성', '위계'에 대한 문제는 도시 공간에 대한 탐구에 있어 주요한 이슈로서, 이러한 체계적 특성의 존재 여부에 대한 질문과 함께 도시 공간을 연구하는 여러 분야에서 지속적으로 탐구되어 왔다. 예를 들어, Whyte[1]는 자연과학의 여러 분야에서 나타나는 '위계(Hierarchy)'적 특성은 일종의 우주적인 원리의 한 부분으로 보고, 여타 과학 분야들에서도 어떤 위계가 언제, 왜 나타나는가 하는 부분에 대한 질문이 제기될 필요가 있음을 강조하였다. 또한 Jacob[2]과 Weiss[3]는 적어도 생명체가 활동하는 모든 체계 내에서 "상위체계에서 하위체계로 규칙적으로 정리될 수 있는" 특정한 '위계체계'가 존재할 것이라고 언급함으로써, '영역성', '위계성'이 인간의 활동 영역인 토지 이용에서도 나타날 것이라는 점을 암시하였다. 이처럼 여러 과학 분야에서 공통적으로 나타나고 있는 위계와 중심성에 대한 문제제기는 곧 도시지리학 분야에도 받아들여지고 논의되어 왔다.

도시 관련 분야에서 이러한 중심지와 위계라는 문제에 대한 접근은 대표적으로는 Christaller와 Lösch가 주창한 '중심지이론'에서

---

1) Whyte, L. L., On the Frontiers of Science: This Hierarchical Universe, *General Semantics Bulletins* 36, 1969, pp.7 - 14.

2) Jacobs, F., *The Logic of Life - A History of Heredity*. New York: Pantheon Books, 1970.

3) Weiss, P. A., *Hierarchically Organized Systems in Theory and Practice*. New York: Hafner, 1971. Mabogunje, Akin L. The Evolution and Analysis of the Retail Structure of Lagos, Nigeria, *Economic Geography*, Oct., 1964, pp.304 - 323.

시작된 것으로 볼 수 있다. 가상적이고 이념적인 균등한 공간에서 나타날 수 있는 중심성과 위계의 기본적 원리에 대해 설명하고자 한 이들의 시도에서부터 시작하여, 현실 공간에서의 중심지이론의 적용 가능성을 고찰한 Berry 계통의 상업중심지 유형 연구, 그리고 도시가 어떤 성격을 지닌 영역으로 구분될 수 있는가에 대한 'Social Area' 구분 연구 등으로 이어져 왔다. 이런 연구들의 성과들이 일관되게 지적하는 부분은, 도시는 임의적으로 활동이 분산되어 있는 공간이 아니라 분화된 각 영역들 간의 동적인 집합체라는 것이며, 이 영역들은 점차 위계적인 분포특성을 가지게 되어 규칙적이고 의미 있는 영역상의 분포를 나타낸다는 것이다. 이러한 결과로, '중심지 - 위계'라는 개념을 이용하여 도시를 탐구하는 것이 도시지리학 및 도시 공간을 연구하는 학문 분야의 지속적인 관심사이자 방법론이 되어 왔다.

이런 점에서 볼 때, 현실의 도시는 그 공간적 규칙성이나 질서를 파악하기 쉽지 않음에도 불구하고, 도시의 중심지역이 일정한 규칙성을 따라 존재한다는 부분, 그리고 도시의 각 영역들 간에는 기능 및 활동의 집중 정도에 따라 고차에서 저차에 이르는 위계적인 특성이 존재한다는 부분에서는 전반적으로 공감대를 이루고 있다고 할 수 있을 것이다. 이에 따라 '도시의 구조와 형태를 파악'한다는 것은 곧 그 도시의 '중심성 - 위계성'의 분포를 고찰한다는 의미로 쓰이고 있는 것이다.

2) 실제도시에서 중심성, 위계의 의미

공간의 영역적인 특성이 있고 그 위계에 따라 공간적 상호작용
이 발생하게 된다는 주장은 도시 공간과 관련된 여러 분야에서 주
목할 만하다. 특히 도시 공간의 구조와 토지 이용을 현실적이고
직접적으로 다루는 도시계획 분야의 경우는 이러한 관점과 많은
관련이 있다. 도시 공간의 위계적 특성과 영역 간의 상호작용을
이해하는 것은 현실의 토지 이용계획에 있어서도 매우 중요한 부
분이기 때문이다. 예를 들어, 신도시의 건설, 새로운 대형 상권의
출현, 대단위 주거지역의 개발 등은 이처럼 위계를 가지는 영역들
간의 상호작용으로 이루어지는 도시 공간의 역학에 직접적이고도
강한 변화를 가져오는 요소들이 된다. 그러나 주택의 대량 공급이
나 상업지역의 확보 등 각 정책이 시급하게 추구하는 개별 목표에
만 초점을 둠으로써, 앞서 언급한 도시 공간의 본연의 성질, 즉 중
심성과 위계에 따라 유기적으로 상호 작용하게 되는 도시 공간의
역학관계에 미치는 변화와 그 결과는 무시하게 되는 경우가 많다.

도시 공간상의 모든 계획이나 정책들은 독립적이고 완결적인 것
이 아니며 궁극적으로 도시 공간 전체의 상호작용과 역학관계에
영향을 미치게 된다. 따라서 중심성과 위계에 영향을 끼칠 수 있
는 대단위 건설이나 계획, 정책일수록 전체 도시 공간의 상호작용
과 역학관계에 가져올 변화를 미리 예측하고 판단하는 가운데 검
토될 필요가 있다. 이런 의미에서 볼 때, 도시 공간의 중심성 분포
를 측정하고 위계적 특성을 파악한다는 것은 도시계획 및 관련 정
책을 수행하기 위해 기본이 되는 중요한 부분으로, 토지 이용의

변화와 관련된 정책 및 계획을 판단할 수 있는 근거가 되는 중요한 작업이라 할 수 있다.

이처럼, 이른바 '중심성'과 '위계'의 개념은 현실 도시 공간의 상호작용과 역학관계를 설명할 수 있게 해 주며, 이를 통해 도시의 '공간적 체계'를 해석할 수 있게 해 주는 장점이 있다고 판단된다. 이 연구에서는 이러한 두 개념을 시작점으로 하여 도시의 공간적 체계, 그중에서도 주요 도심부가 이루는 '도심체계'를 파악하기 위한 이론적 관점 및 방법론을 찾아보고자 하며, 이를 통해 현실의 도시 공간과 관련된 정책 및 계획의 바람직한 방향을 모색하고자 한다.

3) 기능구성 및 분포 측면에서 살펴본 도심의 중심성, 위계성

이 연구는 이처럼 중심지 – 배후지, 중심지 – 중심지 사이에 위계를 가지는 체계가 발생하면서 상호작용과 역학관계가 발생한다는 이론에 주목하고, 이를 토대로 현재 서울의 도심체계와 그 변화경향을 파악해 보고자 한다. 특히 이러한 '중심성 – 위계성'이 서울과 같은 대도시권의 공간적인 맥락에서는 어떻게 나타나며, 또한 어떻게 파악되어야 하는가 하는 부분에 주안점을 두기로 한다. 현재까지 형성되어 온 서울의 공간적, 도시적 특성은 물리적인 측면뿐 아니라 역사적, 사회적으로 매우 고유한 측면이 많다. 이는 주로 서구사회 도시의 공간적 맥락을 해석하는 데 적용되어 온 일반적인 이론적 관점으로는 설명되기 어려운 부분이 있다는 점을 의미한다. Mabogunje[4]는 '중심성-위계성'의 개념을 통해 나이지리아의 Lagos 시를 해석하고자 한 연구에서, "각 도시는 일반적인 공간으로서의 성질만을 가지는 것이 아니며, 그 사회의 독특한 경제적, 기술적, 역사적 여건을 반영하므로, 도시체계를 해석하는 이론 역시 이러한 차이를 분명히 고려하여 적용할 필요가 있다."고 지적한다. 서울 역시 여러 가지 측면에서의 고유한 공간 특성을 가지고 발전해 온 점을 생각할 때, '중심성-위계성'에 의한 공간구조를 연구하기 위해서는 그 고유한 공간적 특성들을 먼저 파악하고 고려할 필요가 있을 것이다.

이러한 각 지역의 고유한 공간적 특성을 고려하여 그 체계를 이해하기 위해서는 공간구조를 이루는 가장 작은 단위라 할 수 있는 도시의 '기능'들, 그리고 그 기능들이 이루는 '구조'에 보다 주목할 필요가 있다. 한 지역에 집적된 기능들의 질적 / 양적 특성은 하나의 기능구조를 이루면서 해당 지역의 영향력을 규정할 뿐 아니라, 그 지역의 특성 역시 이러한 기능구조로부터 발현된다고 볼 수 있기 때문이다. 이런 점에서 볼 때, 기능구조는 중심성과 위계를 만드는 출발점이 되며, 지역의 특성을 만드는 가장 기본적인 원인이라 할 수 있다. 이 연구에서는 이처럼, 기능구조가 공간구조를 이루는 보다 근원적인 힘이라고 보고, 기능구조를 파악하는 데서 출발하여 해당 지역의 중심성과 위계를 파악하고, 이를 통해 서울의 공간구조의 특성과 그 변화과정을 연구하고자 한다. 즉, 기능의 입지와 그 구성의 관점에서 서울의 도심체계를 파악하고자 한다. 고

---

4) Mabogunje, Akin L. The Evolution and Analysis of the Retail Structure of Lagos, Nigeria, *EconomicGeography*, Oct., 1964, pp.304-323.

밀한 공간 속에 다양한 기능을 집적시키고 있는 서울의 도심이 이루는 체계는 단순한 서열적 위계성만으로는 이해될 수 없으며, 그 기능적인 구성에 따라 복합적인 위계적 성질을 가지는 체계로서의 특성을 파악하는 것에서 출발하는 연구방법이 필요하다. 따라서 각 도심의 기능적인 분포와 그 구성의 변화를 살펴보고, 이러한 기능 구조가 만들어 내는 도심의 중심성, 그로 인한 공간상의 영향력 등을 측정하는 과정을 통해 서울의 도심체계를 파악해 보고자 한다.

2. 연구의 나아갈 방향

연구의 진행을 위해서는 먼저 이처럼 도시의 중심성, 위계성과 관련된 이론적인 흐름을 고찰하고 그 주요한 이슈들을 살펴봄으로써 이론적인 배경과 토대를 마련하기로 한다. 살펴보게 될 이론들은 주로 도시지리학 분야에서의 중심지 및 중심성에 대한 이론들, 지역 간의 상호작용에 대한 이론들, 중심성을 측정하고 위계성을 설명하고자 하는 연구들, 도심의 특성과 범위에 대한 연구들이다. 이러한 연구 및 이론들은 크게 보아 도시 공간의 중심지를 '인간 활동의 영역성에 의해서 발생하는 정적인 체계' 내지 '끊임없이 상호 작용하며 형성되는 지역'의 두 가지 다른 관점에서 파악하는 경향이 있었으며, 이 두 가지 이론적 흐름들은 대도시권 도심의 중심성과 기능구성을 이해하고 설명하는 데 있어 상호 보완적인 역할을 가지는 것으로 판단된다.

다음으로 서울의 도심체계와 그 특성을 이해하기 위해서, 먼저 서울의 공간적 변천과정을 간단히 살펴보고, 그 중심지 체계상의 특성과 현황에 대해 파악해 보기로 한다. 여기서 고려할 부분은 주로 서구도시의 공간적 맥락에서 도출된 중심지 체계 및 위계 관련 이론들이 현실에서 서울의 공간적 흐름과는 일치되지 않는 측면이 있을 수 있다는 점이다. 따라서 서울의 중심지 체계상 특징 및 공간적 맥락을 분석하기 위해서는 기존의 이론적 가정과의 차이 등에 대한 고찰을 통해 새로운 관점의 제시가 있어야 할 것이다. 이를 위해서 기존 연구에서 제시된 서울의 중심지 체계에 대한 관점과 그 흐름을 살펴보고, 거기서 제시된 관점과 분석이 서울의 공간적인 맥락이나 흐름을 설명하는 데 적합한가를 살펴봄으로써 새롭게 제시되어야 이 연구의 관점을 찾아보기로 한다.

서울의 도심체계에 대한 실제분석은 크게 보아 2단계로 진행된다.

첫째로, 이른바 '중심지이론'으로 명명되는 이론적 관점을 토대로 하여 서울 도심체계의 중심성, 위계의 분포 및 그 특징, 그리고 그 변화과정을 살펴보고자 한다. 중심지이론은 주로 기능의 공급 측면에서 중심지의 위계 및 체계를 파악하고자 하는 관점으로, 이를 토대로 서울의 도심권을 분석함으로써 도심지 체계의 특성과 그 변화과정을 파악할 수 있을 것이다.

둘째는 '상권인력이론'의 관점에서, 서울의 도심체계가 나타내는 공간적인 영향력의 분포를 살펴보는 것이다. 상권인력이론은 주로 기능의 수요 측면에서 지역 간의 상호작용 특성을 파악하려는 시도들로, 이를 통해 도심 차원에서 나타나는 공간적 상호작용의 흐름을 파악하여 서울 도심체계의 현재 영향력 분포의 현황과 특성을 분석하고자 한다.

연구의 각 단계에서 중요하게 활용될 세 가지의 모형 및 지수가 등장하는데, 이는 '기능고도화도(Functional Quality)'와 '고용중심성(Employment Centrality)', 그리고 도심의 '영향력 모형(Influence Model)'이다. 이들은 서울 도심체계의 특성과 그 변화과정, 그리고 그 적절성을 파악하기 위해 본 연구 과정에서 제안하고 활용하고자 하는 것으로, 기존 중심지이론에서 활용한 기본 개념인 '중심지의 기능적 구조', '중심성 측정'과 '포섭의 원리'와 각각 대응하는 것이다. 이 세 가지를 토대로 하여, 주요 도심의 기능구조를 고찰하고, 각 도심별로 중심력을 측정하며 도심 영향력의 공간적 분포를 파악하여 그 결과로 나타나는 각 지역에 대한 유입력을 측정하는 과정으로 연구를 진행한다. 마지막으로, 이러한 연구과정에서 나타난 서울 도심체계상의 특성과 문제점을 정리하고, 서울 도심체계와 관련된 도시계획 및 관련 정책상의 함의를 파악함으로써 그 발전방향을 알아보기로 한다.

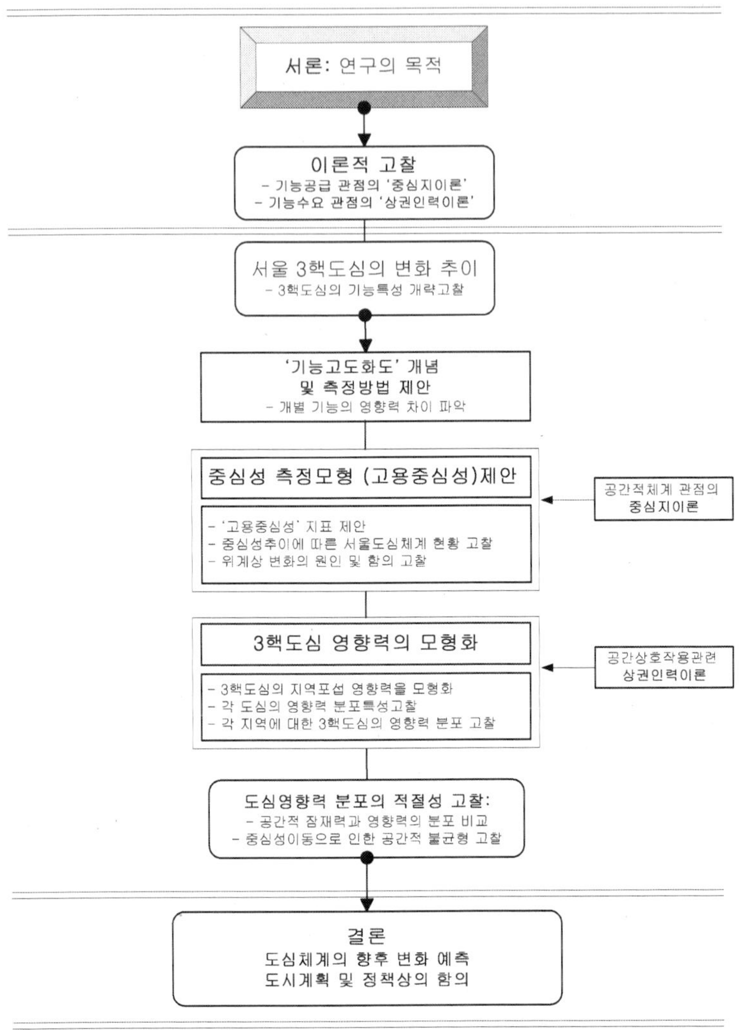

┃그림 1-1┃ 연구의 과정 및 주요 연구대상

제2장 관련이론 탐구

1. 공간적 체계 관점의 중심지이론

　도시 공간에서 발생하게 되는 중심지와 그 위계를 다루는 이론
들은 기본적으로 어떤 중심지가 정해지지 않은 공간상의 위치에
입지하여 안정되어 있다는 가정에서 출발한다. 즉, 중심지가 생성
되고 발전하는 과정보다는 이미 발생하여 공간상의 균형을 이루고
있는 중심지들의 이론적, 이념적인 분포를 파악하는 것에서 출발하
는 경우가 많다. 이러한 이론은 이미 형성된 중심지의 분포와 그
체계를 연구한다는 데서 중심지 체계의 '정적(static)' 측면을 다루
고 있다고 할 수 있다. 또한 중심지 간의 상호작용이나 영향관계
에 중점을 두기보다는, 이미 공간상에 위계를 가지고 입지해 있는
중심지의 체계와 그 질서를 파악하는 데 중점을 두고 있는 경향이

강하다. 이에 이 연구에서는 이러한 중심지 및 중심지 체계에 중
점을 두는 일련의 연구흐름을 '공간적 체계 관점의 중심지이론'이
라 칭하기로 한다.

1) 중심지의 분포와 체계에 대한 이념적 이론들

이른바 '중심지이론(Central Place Theory)'으로 대별되는 일련의
연구의 흐름은 거시적 관점에서 공간상에서 발생하는 중심지들의
입지와 그 분포에 대한 이념적인 모형들을 제시하고 있다. 이러한
중심지에 대한 이념적 연구는 중심지가 분포하는 상태를 해석하기
위한 근원적인 아이디어들을 제시하고 있으며, 현실적인 중심지의
입지와 그 분포 및 위계적 특성을 연구하는 일련의 연구흐름을 촉
발하는 역할을 하였다. 이러한 연구들의 태동이 된 연구는 역시 W.
Christaller의 중심지이론이다.

(1) 중심지이론(Central Place Theory)

1935년 남부독일지방의 W. Christaller는 이념적인 공간을 가정
을 통해 설정하고 여기에 존재하는 중심지의 배열특성 및 체계를
밝히고자 하는 연구를 수행하였으며, 이러한 연구결과가 1950년대
중반 이후 각국의 연구자들에게 소개되면서 중심지이론과 관련한
연구들이 활발히 수행되는 계기를 마련하였다.

• *Christaller 중심지이론의 기본적인 가정들*

Christaller는 '중심지를 지향하는 원리(Centralistic Principle)'는 자연과학 분야에서 공통적으로 나타나는 성질로, 인간의 정주체계의 배치에 있어서도 유사하게 나타날 수 있다고 생각하였다. 그는 특정한 지역의 중심에 있어, 이러한 중심지에 의해 여러 가지 기능상의 공급을 받으면서 이에 의존하게 되는 '배후지(complementary area)'들이 존재한다고 보았다. 이처럼 중심지와 주변의 배후지들은 마치 우주물리학 분야에서 나타나는 핵과 여타 입자들 간의 관계와 같이 해석 가능한 원리를 가지는 것으로 그는 보았다.

중심지들은 그에 속한 기능들이 서비스되는 공간적인 범위 내지 한계(range)를 가지게 되며, 이러한 한계들에 의해 중심지의 영향권이 구분되고, 이에 포섭되는 하위 배후지의 규모에 따라 해당 중심지의 위계가 나타난다고 본다.

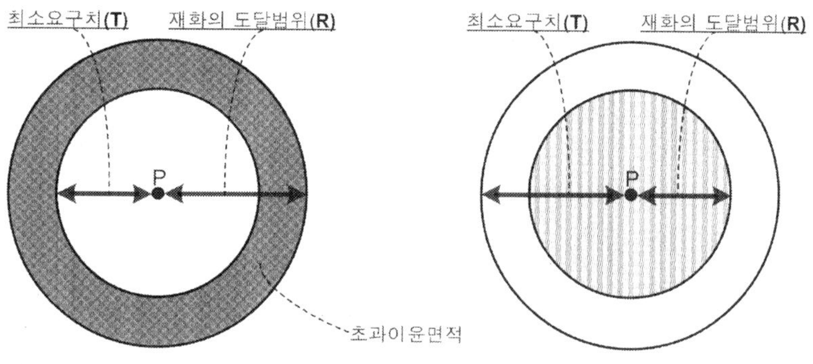

‖**그림 2-1**‖ 임계역(threshold)과 재화의 도달범위(외적한계)에 따른 기능 유지 조건 다이어그램

이러한 범위 내지 한계는 다시 두 가지로 구분되는데, 우선 중심지의 기능이 서비스할 수 있는 최대한의 공간적인 한계 내지 도달거리를 '외적한계(outer limit of the range)'라 하고, 그 기능이 수익을 올려서 지속될 수 있게 하는 최소한의 공간적 범위를 다시 '임계역(threshold)'이라고 하였다. 이러한 임계역의 개념은 공간상에 존재하는 모든 기능에 대해 나타나는 것으로, 도시 공간이 임의적으로 분포할 수 없고 특정한 중심지와 이에 기능을 의존하는 지역으로 구분되는 가장 근본적인 이유가 된다. 모든 기능들은 그 자체가 유지되기 위해 그 임계역 이상의 공간적 범위를 확보하려 노력하게 되며, 이러한 노력들이 공간상에서 균형을 이루는 점에서의 공간적 분포를 이념적으로 설명할 수 있다는 것이 Christaller의 기본적인 연구 가정이 되는 것이다.

이러한 균형 상태에서의 중심지 체계를 파악하기 위해 그는 현실세계의 변수를 몇 가지 가정을 통해 단순화하였다. 이 가정들은

첫째, 공간을 '등질적 평면(isotropic surface)'으로 가정한다. 따라서 지형적인 장애물은 존재하지 않으며 수송비 역시 거리에 의해서만 증가한다.

둘째, 인구의 분포는 균등하다고 가정한다. 또한 이들의 소득이나 취향 역시 균일하다고 가정한다.

셋째, 중심지의 분포 패턴은 삼각격자 형태이다. 여기서 삼각형은 동일한 임계역을 가지는 중심지들의 상권이 서로 균형을 이룬다고 생각되는 기하학적 형태이다.

넷째, 기능의 공급자와 소비자는 모두 공간상에서 합리적인 결정만을 내리는 '최적자(optimizer)'이다.

　이러한 가정들에 따라 공간상의 중심지는 위계가 큰 중심지일수록 더 넓은 배후지를 가지기 위해 보다 먼 간격을 두고 분포하게 되며, 이에 따라 중심지는 그 영향권 내에 보다 작은 규모의 하위 중심지를 포함하기에 이르는데 이를 이른바 '포섭의 원리(Nested Principle)'라고 칭하고 있다. 이때 특정 위계의 중심지가 포함하게 되는 하위 위계 중심지의 영역의 수를 Christaller는 K로 표시하였고, 이에 따라 K=3, 4, 7로 바뀌는 각 경우에 따라 이 원리를 설명하였다.

• 3원리에 따른 중심지 체계의 설정

　우선 '시장원리'란 중심지이론의 근본적인 가정에 따라 소수의 중심지가 가장 넓은 지역을 그 배후지로 할 수 있는 경우를 가정하여 그 포섭관계를 나타낸 원리이다. 시장원리에서 중심지는 그 하위 중심지의 영역을 K=3의 규모로 포섭(nesting)하며 입지하게 된다.

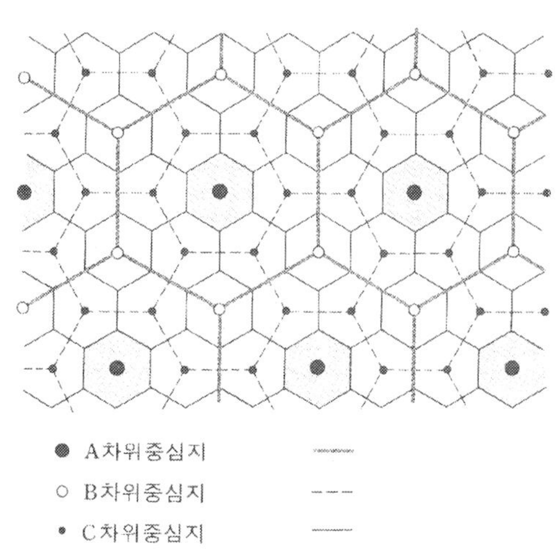

‖ 그림 2-2 ‖ 시장원리에서의 포섭범위(K=3)

마찬가지로, 중심지 분포의 주안점이 교통체계의 효율화, 행정체계의 효율화에 있다고 가정할 때의 중심지 포섭관계는 각각 K=4와 K=7에서 이루어진다고 보았으며, Christaller는 이를 각각 '교통원리(Traffic Principle)'와 '행정원리(Administrative Principle)'라고 하였다.

이러한 연구의 결과로, 그는 독일 남부 지역의 농촌중심지들을 대상으로 하여 그 적용 가능성을 탐구하였으며, 독일 남부지방에서 나타나는 7개 계층의 중심지에서 어느 정도 중심지이론상의 시장원리에 유사한 포섭관계가 나타나는 점을 확인하였다.

* *중심지들의 기능구성 관계*

그의 중심지이론 모형에 있어서 고차의 중심지는 저차의 중심지를 규칙적으로 포섭하고 있으며, 이는 고차 중심지가 가지는 기능적인 구성이 저차위 중심지의 기능을 모두 포괄하고 있다는 가정하에 나타나는 현상이다. 결국 중심지의 위계는 기능적으로도 포섭의 관계(중심지의 순위가 높아질수록 하위 중심지의 기능을 모두 포함하게 됨)가 나타나며, 중심지들은 그 연속적인 순위에 따라 고차위 중심지일수록 저차위 중심지의 기능을 포함하면서도 점차 고도화된 도심적 기능들을 가지는 형식으로 기능구성을 이루게 된다.

(2) Lösch의 수정 중심지이론

Christaller의 연구에서 나타나는 기하학적이고 정형적인 육각형 배열의 중심지 분포 패턴은 현실적인 공간에의 적용 이전 단계에서도 여러 가지 변형의 여지를 가지고 있었다. 이에 Lösch는 이 육각형 패턴이 회전에 의해 포섭반경을 변경하는 것이 가능하며, 이에 따라 포섭의 범위가 보다 유동적이 되어 K값에도 보다 많은 분포가 나타날 수 있다는 점에 주목하였다. 따라서 K = 3, 4, 7, 9, 12, 13 등 표현 가능한 다른 포섭관계까지를 고려하게 되었으며, 이념적인 연구의 틀 내에서 보다 유연하고 유동적인 중심지 체계를 가정할 수 있도록 하였다.[5]

• *기본적 공리(axiom) 들*

Lösch는 기능의 공급자가 시장에 참여하는 과정에 대해 보다 유연함을 부여하면서 중심지 체계를 구성하기 위해 Christaller에 비해 또 다른 공리 및 가정들을 추가하였다. 이 중 Christaller의 가정과는 다르게 추가된 공리들은 다음과 같다.

- 소비자는 효율성을 극대화하며, 공급자는 이윤을 극대화하려고 한다.
- 생산자와 소비자는 무한히 존재하며, 집단적인 행동과 의사표출로 시장가격에 영향을 미칠 수 없다.
- 이윤이 발생되는 한 자유롭게 시장경쟁에 참여할 수 있다. 누구나 기업가(기능의 공급자)가 되어 시장에 참여할 수 있고, 경쟁자가 되는 데 어떠한 장애도 받지 않는다.
- 상품의 가격은 공장에서의 생산가격과 수송비에 의해 결정된다.
- 집적경제가 나타나며 그 효과는 매우 중요하다.

이처럼 기능 공급자들의 자유로운 시장 참여와 관련된 공리들이

---

5) Lösch, A., *The Economics of Location,* translated by W. H. Woglom & W. F. Stopler, New Haven, Yale University, Aug., 1954, p.30.

강조된 것은 지나치게 정적이고 경직된 Christaller 모형에 대한 변동의 여지는 기능공급자가 무한하게 자유롭게 참여할 수 있다는 가정을 세울 때 비로소 가능하다는 판단에 따른 것이다. 자유로운 시장 참여는 결과적으로 기업들의 시장 확보를 위한 경쟁적인 관계로 이어지며, 이러한 경쟁은 중심지의 임계역(threshold)이 고정되지 않고 가능한 한 여러 가지의 변형의 시도로 이어져, 결과적으로 육각형의 상권분포체계에 있어서는 회전에 의한 포섭원리의 변화로 이어진다고 보았다.

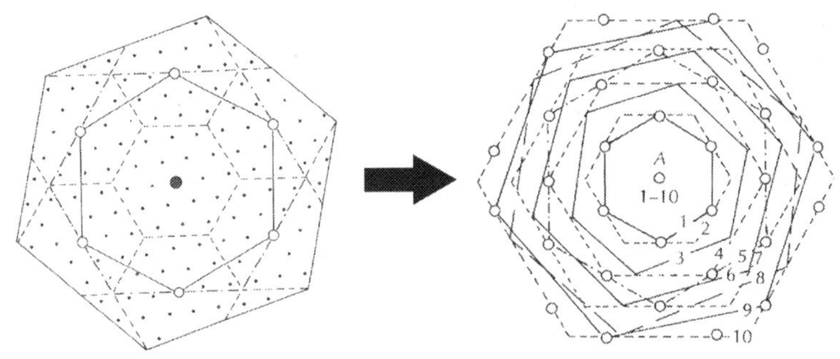

그림 2-3 Lösch의 중심지 체계상의 변형: 회전에 의한 K값의 확장과정 도해

그는 실제로, 150개의 재화에 대한 임계역(threshold)을 기준으로 하여 육각형으로 표현되는 상권범위를 배열한 후, 회전까지 고려한 값인 K=4, 7, 9, 12, 13, 16, 19, 21, 25를 배치하여 이를 중첩하였다. 이 결과로 나타난 것이 이른바 Lösch의 'Economic Landscape'[6]이라 불리는 중심지 모형으로, 가장 고차위의 중심지를 중심으

---

6) 이희연, *경제지리학*, 법문사, 1996, p.411.

로 하여 회전한 12개의 섹터형의 중심지 배치이다. 이 배치에 따르면 중심지의 분포 정도는 각 섹터에 따라 중심지가 '밀집된 곳(city-rich sector)'과 중심지가 상대적으로 '희박한 곳(city-poor sector)'이 번갈아 분포하게 된다.

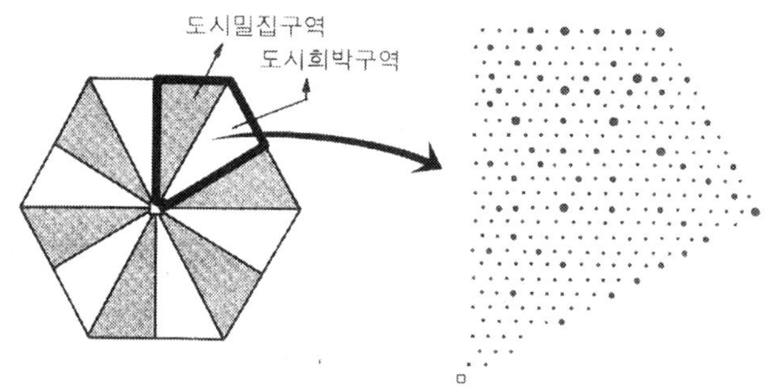

┃그림 2-4┃ 회전의 결과로 나타난 규칙적인 sector 분포

이 중 중심지가 보다 밀집된 지역에서는 도로연장이 최소화되고 교통축상에 중심지가 밀집되는 형태가 되고 있어, 공간이 조직화되는 데 있어 '최소노력의 원리(Principle of Least Effort)'를 따른다는 점이 반영된 것이라고 Lösch는 주장하고 있다.

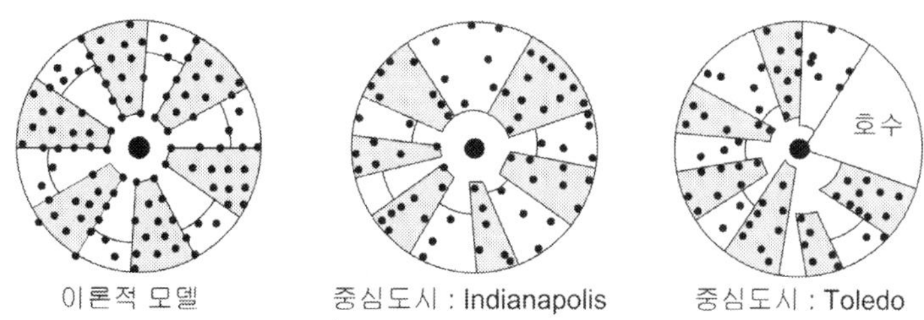

┃그림 2-5┃ 실제 도시에서의 sector 분포 사례: 미국의 Indianapolis와 Toledo
(이희연, 1996, p.412.)

실제로, 그가 자신이 생각하는 중심지의 패턴과 유사하다고 판단한 미국의 두 도시를 사례로 조사해 본 결과, 반경 100㎞ 내에서 방사형의 sector 형태로 그 중심지의 분포가 반복되는 점을 발견하였다.

• 중심지 간의 기능분포 경향에 대한 관점

Lösch의 중요한 기여도 중의 하나는 또한 기능의 입지하는 경향을 이 수정된 중심지모형을 통해서 언급하였다는 점이다.

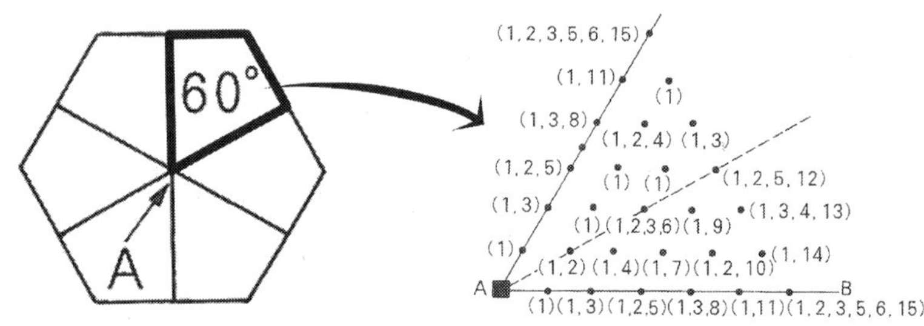

‖그림 2-6‖ Sector상에서의 간격과 기능의 관계

그의 설명에 따르면, 한 Sector 내에서 분포하는 기능들은 최고차 중심지의 위치와 관계가 깊다. 위의 그림에서 나타나는 숫자들은 각기 하나의 기능을 표현하고 있는 것으로, 그 숫자의 크기는 보다 고도화된 기능을 의미한다. 이때, 최고차위 중심지 A는 기능 1에서 기능 15에 이르는 모든 기능을 다 보유하고 있다고 가정하고 있으며, 이에 따라 그에 근접한 중심지들은 고도화 정도가 낮은 기능들을 보유하고 있게 된다. 그러나 그 거리가 멀어져 감에 따라 중심지들은 그 보유한 기능의 숫자가 많아질 뿐 아니라, 보다 고도화된 기능을 보유하는 빈도도 높아져 간다. 이러한 최고 순위 중심지 주

변의 중심지에서의 기능분포에 대한 관점은 Christaller의 중심지이론과는 명확하게 다른 부분이다. 중심지와 중심지 간의 상호작용의 영향으로 보다 높은 위계의 중심지의 영향력을 받는 차순위의 중심지들이 그 규모나 상권의 범위뿐 아니라, 기능구성의 측면에서도 많은 차이를 나타내게 된다는 점을 지적한 것이다.

(3) 두 중심지이론의 비교: 중심지의 기능분포에 대한 관점

이 두 가지 이론은 기능 유지를 위한 이윤 추구 활동의 공간적 한계를 중심지가 분포하고 입지하게 되는 핵심적인 이유로 보았다는 점에서는 동일한 출발점을 가진다고 볼 수 있다. 그러나 그들이 출발한 가정상의 차이에 따라서 판단해 보면 Christaller의 중심지이론은 기본적으로 그 변화가 작고 인구의 유동 및 분포상의 차이가 적을수록 그 적용 가능성이 높아지는 이론임에 비해, Lösch의 이론은 보다 인구가 조밀하고 기능입지상의 변동이 심할수록 - 기능들의 시장참여도가 높고 소비자를 확보하기 위한 시도들이 많아질수록 - 그 의미가 커지는 이론이라 할 수 있다. 이러한 적용점은 다시 현실의 공간상에서 판단해 볼 때, Christaller의 중심지이론은 주로 조방적인 토지 이용이 이루어지는 농업적 토지 이용의 지역에서, 그리고 Lösch의 수정된 중심지이론은 보다 경제적인 활력이 크고 기능들이 밀집하여 각 기능들 간의 참여와 경쟁이 활발히 이루어지는 산업지역, 도시지역에서 보다 의미가 크다고 볼 수 있다.

이 연구에서 주안점을 두고자 하는 중심지의 기능 분포라는 관점에서 볼 때, 이 두 가지 이론은 역시 중요한 차이를 보이고 있다.

Christaller는 이른바 '계층적 구조(stepped hierarchy)'[7]의 개념으로 중심지의 기능분포를 설명한다. 중심지 간에는 위계적으로 뚜렷한 구분이 있고, 이에 따라 고차위와 저차위 중심 간에 포섭관계가 존재하므로, 그 기능의 구성에 있어서도 고차위 중심지는 저차위 중심지의 기능을 포섭해 가며 그 대상 시장의 규모를 늘리고 있다. 즉, 중심지의 위계는 중심지 간의 뚜렷한 포섭현상으로 인해 그 차이가 크고 불연속적이지만, 그 포함한 기능의 구성에 있어서는 연속적이라고 가정하는 것이다. 따라서 위계가 높은 중심지는 저차위 중심의 기능들에 더해 고도의 도심적 기능까지를 포함하게 되어 보다 넓은 시장범위를 유지할 수 있게 된다.

여기에 비해서 Lösch의 중심지의 구성기능에 대한 관점은 이러한 연속성을 가정하지 않는다는 점에서 큰 차이를 보인다. 한 Sector 내의 기능분포에 대한 위의 그림에서 알 수 있듯이, 중심지 간의 기능분포는 포섭의 원리를 따르지 않는다. 최고차위 중심지에 근접한 하위 중심지는 몇몇의 저차의 기능으로 한정되게 되며, Sector상의 교통축을 따라 멀어질수록 보다 많은 기능의 출현과 함께 고차의 기능이 나타날 가능성도 높아진다는 것이다. 이러한 기능적 구성은 이른바 '연속적 계층구조(Continuous Hierarchy)'[8]로 표현될 수 있는 Lösch의 연속적인 위계구조와 관계가 있다. Lösch의 중심지 위계는 Christaller의 그것과는 달리 중심지 간의 격차가 크지 않고 시장의 중첩 정도에 따라 보다 다양한 규모의 중심지들이 나타난다. 이에 따라 중심지 간의 위

---

7) Berry, B. J. L., *Geography of Market Centers and Retail Distribution*, Prentice – Hall Inc., Englewood Cliffs, N. J., 1967. pp.72 – 73.

8) Berry, B. J. L., 1967. pp.72 – 73.

계 역시 보다 다양하고 연속적으로 나타나며, 그 시장의 규모 역시 단순한 육각형 형태로 표현되는 Christaller의 중심지이론과는 달리 보다 많은 육각형들의 중첩에 의해 복잡하고 연속적인 양상을 보인다. 이러한 중심지 위계상의 연속성은 기능의 구성에 있어서는 오히려 '불연속적(functional discontinuity)'인 측면으로 나타난다. 다양한 위계의 중심지들은 또한 다양한 규모의 시장을 가지면서 서로 그 영역이 중첩되므로, 이에 따라 자신들의 시장규모에 적합한 기능들을 선별하는 경향을 가지게 된다고 예상할 수 있다. 그 결과로, 다양한 위계로 분포하는 중심지들은 그 기능구성에 있어서는 그 입지와 시장규모에 따라 독특하고 예측 불가능하게 나타날 수 있다는 것이다.

Christaller의 중심지이론에 따른 동일한 위계의 중심지일지라도 그 입지에 따라 시장규모와 기능구성에 차이가 있을 수 있다는 점은 또한 W. A. V. Clark와 Gerard Rushton[9]에 의해 잘 설명되었다.

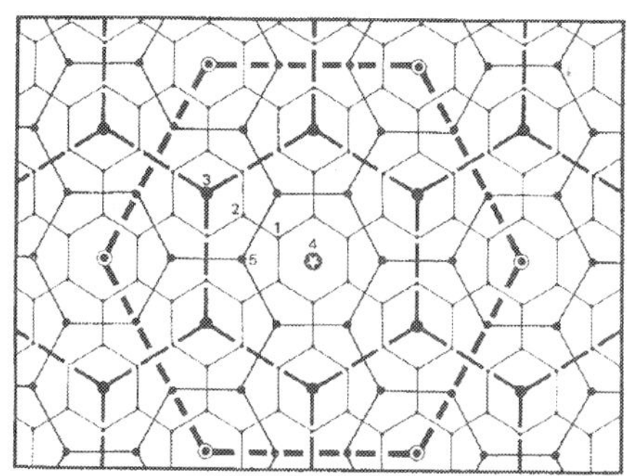

그림 2-7 K=3에서의 중심지 위계 분포
(Clark & Rushton, 1970, p.487.)

---

9) Clark, W. A. V. & Rushton, Gerard, Models on Intra - Urban Consumer Behavior and Their Implications for Central Place Theory, *Economic Geography*, Jul. 1970, pp.486 - 497.

위의 그림은 K=3(시장원리)에 따른 중심지 위계와 그 시장 영역의 분포이다. 이때 4의 지점을 최고차위 중심지로 한다고 가정하면 이때 분포하는 3의 지역은 최고차위에 비해 2단계가 낮은 위계의 중심지가 되며 3과 4 사이에 위치하는 1과 2는 다시 3지점보다 2단계가 낮은 위계의 중심지가 된다. Christaller의 중심지이론적 가정에 의하면 이들 최하위 중심지 1과 2는 일단 동일한 위계의 중심지로서 최고차위 4중심지에 의해 포섭되고 있으며, 따라서 그 시장범위는 동일하고 보유하고 있는 기능의 구성들도 동일하게 나타난다. 그러나 이러한 포섭에 의한 위계관계에 다시 주변에 입지하는 타 위계 중심지와의 거리를 고려하면 그 상황은 달라진다. 1과 2는 각각 보다 상위의 중심지인 4와 3에 같은 거리로 근접해 있으며, 이는 1과 2가 입지한 주변의 영향력에 있어서도 분명한 차이가 있다는 점을 뜻한다. 특히 중심지 4와 3은 2단계의 위계 차이가 있는 중심지로서 그 기능의 보유 정도와 시장의 영향력에서 큰 차이를 보인다. 그럼에도 불구하고 이들 두 중심에 동일한 거리로 근접해 있다는 것은 2보다도 1지역이 보다 큰 중심지의 영향력을 받고 있다는 점을 의미한다. 이러한 영향력의 차이는 일반적으로 1지역의 영향력 감소와 시장범위의 위축 – 2에 비해 상대적으로 – 으로 나타날 것이며, 따라서 1지역의 기능적 구성 역시 2지역과 동일하지 않을 것이란 점을 뜻한다.

이처럼, Christaller의 중심지이론에서 설정한 중심지 입지 패턴하에서 출발한다 하더라도, 서로 다른 위계의 중심지 간의 영향력 관계를 고려한다면 동일한 위계의 중심지역일지라도 그 기능적 구성이 연속적일 가능성은 줄어들게 된다. 이러한 설명을 또 다른 위계의 중심지로 확장해 간다면, 결국 동일한 위계의 중심지일지라도 이러한 연쇄적인 영향관계에 의해 서로 다른 기능적 구성을 가지게 될 수 있다는 점을 유추할 수 있다. 결과적으로, 엄격한 중심지의 위계관계가 존재한다고 가정하더라도, 동일한 위계의 중심지 간에도 서로 다른 기능구성이 이루어질 수 있으며, 서로 다른 위계의 중심지일지라도 기능들 간의 포섭현상-고차위 중심지로 갈수록 저차위 중심지의 기능을 포함한 채 점차 고도화된 기능을 받아들이는 현상-이 아닌 불연속적인 기능분포가 나타난다고 볼 수 있다. 이러한 이념적인 모형에서의 중심지 간의 기능구성의 차이는 현실의 도시 공간에서 나타나는 인구분포의 차이, 기술적인 발달의 차이와 만나게 되면 더욱 커질 가능성이 많다.10)

중심지들의 기능구성이 다양하게 나타날 가능성에 대해서는 이처럼 Lösch의 이론에서 보다 이론적 근거를 발견할 수 있으나, Lösch의 중심지 패턴 역시 최고차위 중심지는 모든 기능을 연속적으로 가지는 중심으로 설명되고 있다는 점에서는 Christaller의 이론과 유사하며, 중심지의 위계는 결국 그 중심이 보유하고 있는 기능의 총수와 비례한다는 점 역시 Christaller의 설명과 동일하다. 따라서 두 중심지이론 모두 중심지가 보유하고 있는 기능구성의 차이를 중심지 간의 역동적인 상호관계를 통해서 파악하지는 못하고 있는 한계가 있다. 현실에서는 최고차위의 중심지라 할지라도 그 기능적인 구성은 인구분포, 소득분포의 여건이나 다른 최고차위 중심지가 선점하고 있는 기능, 시간적인 차이 등 여러 변수들에 의해서도 나타날 수 있는 것이다.

---

10) Clark, W. A. V. & Rushton, Gerard, 1970, pp.487-488.

2) 실제 중심지의 발생과 분포에 대한 이론들

이 두 중심지이론은 이념적으로 가정된 가상의 공간에서 밝혀진 이론적인 모형이므로, 현실적인 공간에서는 이러한 모형이 어떻게 나타나며 변형될 것인가에 대해 또 다른 관심들이 모아졌다. 이러한 연구들은 크게 보아, 실제 도시 공간에서 나타나는 중심지들의 유형에 대한 연구, 이러한 중심지 간의 위계적 성질에 대한 연구로 구분될 수 있다. 또한 여기서 도출된 연구의 결과를 각 지역의 중심지 체계에 적용하는 연구들이 이어졌고, 이러한 결과로, 현실에서의 중심지 체계에 대한 통합적 이론을 모색하는 입장[11]과 현실의 도시 공간에서는 기존의 이론들로는 설명되기 어려운 난점이 많음[12]을 지적하는 비판적인 연구들로 구분되며 발전하기에 이른다.

(1) Berry 등의 현실의 상업중심지 유형과 분포에 대한 연구

Berry와 그 후속 연구자들의 연구는 주로 현실의 공간에서 나타나는 중심지들의 위계적 특성을 파악하고, 이러한 이론적인 틀에 포함되거나 혹은 포함되지 않는 상업중심들을 유형화하여 중심지 이론을 현실의 도시 공간으로 적용시키고자 하는 시도들이었다. 중

---

11) Gerald L. Young은 중심지의 위계에 대한 통합적인 이론의 필요성과 가능성을 잘 정리하고 있다: Gerald L. Young, Hierarchy and Central Place: Some Questions of More General Theory, *Geografiska Annals*, Series B, Human Geography, Vol.60, No.2, 1978, pp.71 – 78.

12) 이러한 관점의 연구의 예로, Athens 시와 그 주변지역을 대상으로 중심지의 체계를 연구하고 기존의 현실적 중심지 연구들의 기본적인 가정에 대한 비판을 가한 James B. Kenyon의 연구가 있다: Kenyon B. James, On the Relationship between Central Function and Size of Place, *Annals of the Association of American Geographers*, Vol.57, Dec., 1967, pp.736 – 750.

심지이론에서 등장하는 중심지들은 다분히 실제 공간이 아닌 이념적인 공간을 대상으로 한 측면이 컸으나, 실제의 도시 공간과 그 주변지역의 체계 내에서 나타나는 중심지 패턴을 Berry계통의 연구에서 처음 다루기 시작한 것이다.

● *기능별 Threshold에 의한 도시 내 상업중심의 위계*

Berry와 그 동료연구자들은 도시에서 필요한 각 기능들은 중심지이론에서 가정한 바와 마찬가지로 그 특정한 'threshold size(임계시장규모)'[13]가 존재하며, 그 규모는 대상 인구로 환산되어야 한다고 보아, 각 기능별로 필요한 인구 규모를 측정하였다.[14]

‖ **표 2.1** ‖ 몇 가지 기능들의 threshold size 순위의 사례: 미국 Snohomish County, Washington(Berry & Garrison, 1958b.)

중심기능(Central Functions)	Threshold Size
Filling Stations	196
Food Stores	254
Restaurants	276
Appliance Stores	385
Hardware Stores	431
Drugstores	458
Furniture Stores	546
Apparel Stores	590
Florists	729
Jewelry Stores	827
Sporting Goods Stores	928
Department Stores	1,083

13) 'Threshold'에 대한 번역이 적합하게 통일되어 있지 않으므로, 영어 단어를 그대로 인용하기로 한다.

14) Berry, B. J. L. & Garrison William. L., The functional Bases of the Central Place Hierarchy, *Economic Geography*, Vol.34, 1958b, p.150.

[표 2.1]은 사례 지역에서 나타난 각 기능별 threshold size로, 기능별로 그 기능이 유지되기 위한 최소 인구 규모가 기능별로 다르다는 것을 나타낸다. 이 규모는 각 지역의 여건에 따라 달라지나, 어떤 사회가 비교적 균일한 생활 패턴을 가지고 있어 각 기능들을 필요로 하는 정도가 일정하다고 생각하면 이들 기능들의 threshold size의 순위는 서로 다른 지역들 간에도 유사하게 나타난다고 볼 수 있다. 보다 threshold size가 큰 기능일수록 보다 고차의 상업중심지에 나타날 가능성이 크며, 그 기능의 배열에 따라 고차 - 저차의 상업중심들이 발생한다고 보았다.

• *Threshold size 에 따른 기능분류*

Berry와 Garrison[15]은 다음과 같은 기능과 인구 규모 간의 상관식을 이용하여 각 기능별로 필요한 최소한의 인구 규모를 산정하였다.

$$P = AB^{N}$$

P: 인구 규모

N: 기능의 수

A, B: 상수

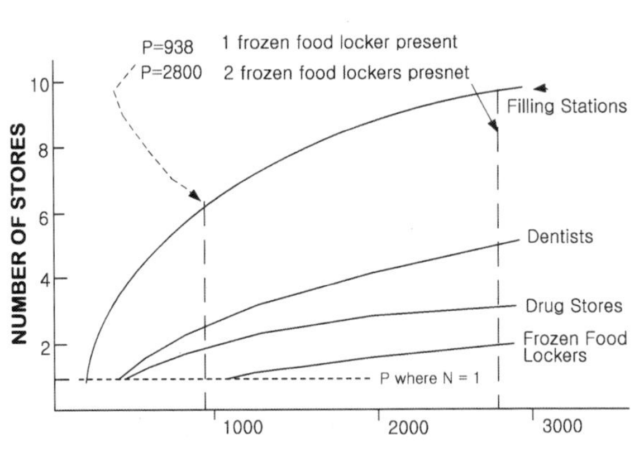

┃그림 2-8┃ P=AB^N에 의한 인구 규모와 기능 증가의 관계그래프
(Berry & Garrison, 1958c, p.308.)

---

15) Berry, B. J. L. & Garrison William. L., A Note on Central Place Theoryand the Range of Good, *Economic Geography*, Oct. 1958c, pp.304 - 311.

• *4계층 상업중심지 위계의 도출*

여기서 산정된 threshold size는 실제로 조사한 각 중심지별로 나타나는 기능의 분포와도 많은 관계가 있음을 밝혔고, 이에 52개의 기능에 대해 상권 중심의 규모별로 나타나는 경향을 분석한 결과 4계층의 상업중심지 위계가 불연속적으로 나타난다고 결론지었다. 이들 4계층의 상업중심지는 작은 규모로부터 각각, 'Neighborhood Centers', 'Community Centers', 'Regional Centers', 'CBD'이다.[16]

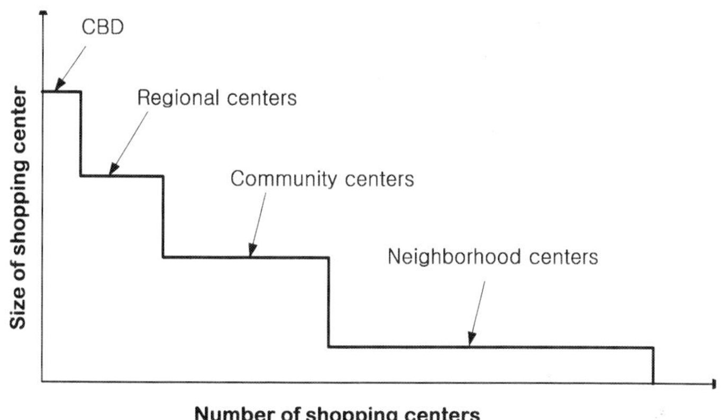

┃그림 2-9┃ 4계층으로 구분된 상업중심의 위계와 그 발생빈도
(Cadwalader, 1985, p.91.)

이들 4계층의 상업중심지는 각각 기능적으로 포섭관계(nesting)를 이루며, 상위 중심지는 보다 많고 고도화된 기능들을 포함하면서 기능적으로도 계층관계를 이루고 있는 것으로 결론짓고 있다.

---

16) Cadwalader, Martin, *Analytical Geography*, Prentice-Hall, Inc., Englewood Cliffs, N. J, 1985, p.91.

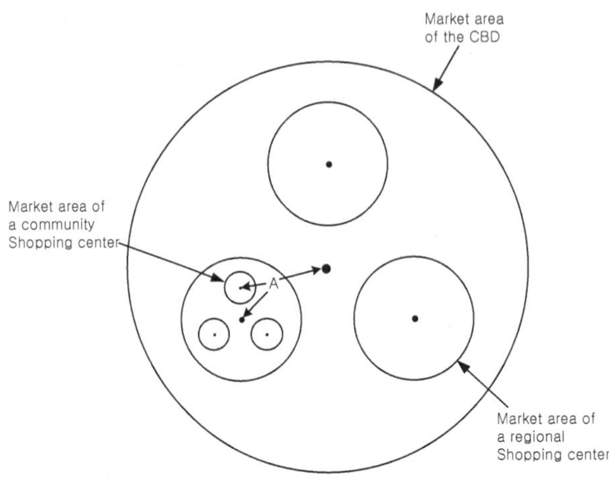

┃그림 2-10┃ 4계층 상업중심의 포섭원리(NestingPrinciple)
(Cadwalader, 1985, p.92.)

• *실재하는 상업중심지의 유형 분류*

Berry는 앞서 구분한 4계층의 중심지는 그 포섭의 원리가 적용되고 시장의 규모에 따라 출현하게 된다는 점에서 Christaller와 Lösch에 의한 중심지이론이 어느 정도 현실의 도시 공간에서 나타난 결과로 받아들였다. 그러나 실제로 나타나는 상업중심지들 중에는 이러한 중심지이론적인 입지 패턴과는 무관하게 등장하는 유형들도 존재함을 파악하고 실재 미국 도시들에서 나타나는 이러한 기타 상업지역의 유형을 파악하는 작업을 수행하였다. Berry는 포섭원리에 의해서 표현될 수 있는 상업중심지 이외의 기타 중심지가 나타나는 가장 큰 이유 중의 하나로, 도시 간 고속도로 및 도시 내 고속간선도로 등 교통수단의 발달에 의해 촉진된 'Ribbon형 상업중심'의 등장을 들었다. 그 중에서도 특히 'Metropolitan Area'의 등장은 이러한 새로운 유형의 상업지역이 발생한 가장 주요한 원인이다.[17] 도시지역의 확대로 발생하게 된 Metropolitan Area는 도시고속도로를 이용한 이동으로 말미암아 일종의 'Metropolitan Community'로 성장하였으며, 이에 따라 이러한 이동축을 따라 선형적으로 존재하는 상업중심지의 유형이 발생하였다는 것이다. 그는 Seattle의 99번 고속도로를 중심으로 하는 메트로폴리탄 지역을 대상으로 하여 조사한 결과, 고속도로로 연결된 'Metropolitan Communities'의 등장으로 인구 규모와 상업중심지의 기능분포 간의 불균형이 나타난다는 점을 지적하였다.[18] 이러한 불균형은 특정한 상업지역의 '특화현상(Specialization)'으로 이어지며, 이러한 특화현상을 통해 메트로폴리스의 중심적 영향권은 확대되는 경향이 있다는 점을 밝혔다.

고속도로를 중심으로 하여 특화되는 상업중심지에 대한 보다 구체적인 연구[19]에서 Berry는 Seattle를 관통하는 99번 고속도로 주변을 대상으로 구체적인 기능의 분포를 자세히 조사하고 그 기능구성 특성이 도시 내에 존재하는 여타 ribbon들과는 구분되는 특징이 있음을 파악하고 이를 'Highway – Oriented Ribbons'로 칭하였다.

이러한 일련의 연구결과로, 주로 도시생활권 내에 존재하는 4계층의 상업중심지역 외에도 'Specialized Area(특화지역)'와 'Ribbon(선형 상업지역)'의 두 가지 유형을 포함하여 다음과 같이 상업중심의 유형을 구분하였다.[20]

---

17) Berry, B. J. L., The Impact of Expanding Metropolitan Communities upon the Central Place Hierarchy, *Annals of the Association of American Geographers*, Jun., 1960, pp.112 – 116.

18) 고속도로의 발전으로 말미암은 공간경제상의 변화에 대한 종합적인 리뷰: Berry, B. J. L., Recent Studies Concerning the Role of Transportation in the Space Economy, *Annals of the Association of American Geographers*, Vol.49, No.3, Sep., 1959, pp.328 – 342.

19) Berry B. J. L., Ribbon Developments in the Urban Business Pattern, *Annals of the association of American Geographers*, Vol.49, No.2, Jun., 1959, pp.145 – 155.

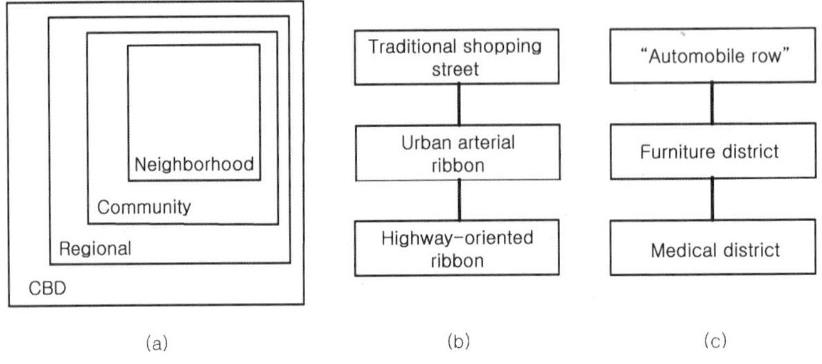

┃그림 2-11┃ Berry에 의한 상업중심지의 유형구분: a) Nucleated Areas b) Ribbons c) Specialized Areas(Berry, 1963,p.20)

4계층으로 분류되는 상업중심지는 'Nucleated Areas(핵형 중심지)'의 유형으로 표현되며, 이러한 지역들은 그 기능분포와 시장범위에 있어 어느 정도 포섭의 원리에 의해 지배되며 중심지이론적인 가정이 현실에 적용된 결과로 보았다. 이에 비해 'Ribbons'와 'Specialized Ares' 는 도시 공간에서의 기술적인 발달과 사회문화적인 생활 패턴변화가 만들어 낸 결과로, 중심지이론과는 관계없이 그 자체적인 발생 원인을 가지는 유형으로 볼 수 있다.

(2) 중심지 간의 위계적 성질에 대한 연구

Berry와 그 후속 연구자들의 연구가 주로 현실적으로 나타나는 중심지의[21] 유형 파악과 그 기능적인 분포에 집중된 반면, 도시

---

20) Berry B. J. L. *Commercial Structure and Commercial Blight, Retail Patterns and Processesin the City of Chicago*, Department of Geography Research Paper 85, University of Chicago, 1963.

21) 면적상 유사한 한국과 미국 워싱턴 주 내의 도시들 간의 인구 규모와 서열을 살펴본 결과, 전체 인구의 차이에 불구하고 전체적인 서열의 패턴이 유사하게 드러나고 있다.

및 도시의 중심지 간의 위계성 자체에 집중한 연구들도 진행되었
다.[22)]

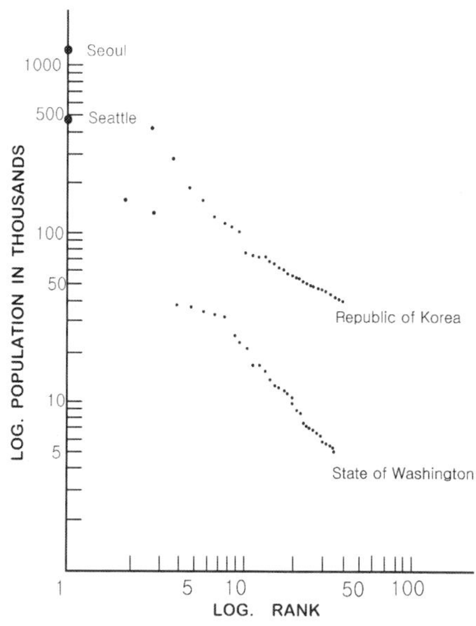

그림 2-12 도시의 서열규칙에 대한 사례:
1955년 당시 한국과 미국 워싱턴 주
의 도시들의 인구 규모와 서열 비교
(Berry & Garrison, 1958a, p.83)

특히, 도시나 도시의 중심지 간의 '서열(rank)관계'나 위계의 규
칙을 발견하고자 하는 연구들도 진행되었는데, 그 대표적인 연구들
로는 Zipf, Rashevsky와 Simmons의 연구 등이 있다.

• *Zipf의 도시서열화 경향에 대한 연구*

Zipf는 도시의 인구 규모와 이로 인한 서열들은 전체 지역 내에

---

22) Berry, B. J. L. & Garrison William L. Alternate Explanations of Urban Rank-Size
Relationship, *Annals of the Association of American Geographers*, Vol.48, No.1, 1958a,
pp.83-91.

서 특정한 규칙을 가지며, 이는 간단한 지수식으로 전환될 수 있
다는 점을 발견하였다.[23] 도시를 그 인구 규모에 따라 서열화할
때, 보통 몇 개의 거대도시와 다수의 작은 도시들로 구성되는데,
이를 플로팅한 결과에서 서로 다른 지역들 간에도 유사한 순위 분
포 패턴이 발생하는 점을 발견한 그는, 이를 다음과 같은 지수식
을 통해 규칙화하였다.

$$r_i p_i^{\ q} = K$$

r_i: i번째 도시의 서열(rank)

p_i: i번째 도시의 인구 규모

q, K: 상수(K는 보통 1순위 도시의 규모)

이러한 지수식은 다시 로그전환을 통해 선형으로 설명될 수 있
었으며, 그는 이를 몇 개의 나라들에 대해 적용하면서 도시의 규
모서열을 설명하는 힘이 있다는 점을 주장하였다.[24]

그러나 이러한 지수식이 여러 나라들의 도시서열을 어느 정도
설명함에도 불구하고 이러한 규칙의 내연성에 대한 보다 구체적인
설명은 부족하였다. Zipf는 구체적인 설명보다는 보다 광범위한 이
론적 설명의 일환으로서, 서열-발생빈도는 인간의 거의 모든 활동

---

23) Zipf, George, K. *Human Behavior and the Principle of Least Effort*, Cambridge: Addison-
　　Wesely Press, Inc., 1949.

24) 도시규모의 서열이 일정한 패턴을 따른다는 점은 이미 이전의 연구들에서도 주장된
　　바 있다: Walter, Isard, *Location and Space Economy*, John Wiley & Sons, Inc.: New
　　York, 1956.

에서 규칙적으로 나타난다고 주장하였으며, 그 사례로 한 소설에서 쓰이는 단어들의 빈도와 서열 역시 책마다 유사한 규칙이 나타나는 바를 들었다. 인간의 활동이 정해진 범위와 한계 내에서 일어나는 특성이 있고, 활동의 중첩과 한계는 결과적으로 공간적 분포의 규칙성으로 나타난다는 것이다. 인간의 활동이 가지는 양면적인 특성은 'Diversification(분산화)'과 'Unification(합일화)'의 두 가지로 나타난다. 보다 나은 효율과 자원 활용을 위해 때로는 분산하고 때로는 합일하면서 활동이 구성되어 가는 것이다. 이러한 분산화와 합일화는 각각 인간 활동의 중심지를 소수인구가 사는 다수의 중심지로 편성하려고 하거나 다수인구가 사는 소수의 중심지로 편성하려고 하는 두 종류의 상반된 힘이 있다. 그리고 이러한 힘이 균형을 이루는 과정에서 인구 규모 p와 중심지의 수 n은 특정한 규칙을 가지게 된다는 것이다. 그러나 이런 설명은 구체적인 도시 공간 내에서 중심지들의 분포와 관련한 이론적인 설명을 끌어내지 못하므로 어느 정도 드러난 규칙성에도 불구하고 중심지의 서열에 대한 합리적인 근거가 되지 못하는 측면이 있다.

• *Rashevsky의 도시화 정도 및 경제적 기회를 통한 설명*

Zipf가 인간 활동의 중심지들이 그 규모에 따라 서열화되는 경향을 설명하였다면, Rashevsky는 보다 넓은 이론적 관점에서 인간과 중심지 규모 변화의 관계를 설명하고자 하였다.[25] 그의 접근은 '경제적인 기회'가 지역마다 달라지는 문제에 대한 인식에서 출발한다. 이러한 경제적인 기회의 정도는 해당 지역의 도시 – 농촌인

---

25) Rashevsky, N., *Mathematical Theory of Human Relations*, Mathematical Biophysics Monograph Series, No.2, The Principia Press, Inc.: Bloomington, 1947.

구의 구분과 직접적으로 연결되는데, 이때 해당 지역에 N_r의 농촌 인구와 N_u의 도시인구가 있다고 하고 이때 1인당 출산율을 각각 p_r과 p_u라고 한다.

$$p_u = f_u(N_u, N_r) \qquad p_r = f_r(N_u, N_r)$$

그리고 지역단위로는 도시 - 농촌의 출산율이 유사하게 나타나는 것에 근거하여 $p_u = p_r$을 여기서 가정하면, 결국 이를 근거로 하는 인구예측을 통해 도시화의 정도는 예측이 가능해진다. 이러한 원리로, $p_i = f(n_i, N_i)$(여기서 n_i는 i도시의 인구 규모이며 N_i는 그 규모가 n_i인 도시의 총인구)라고 하고 이때 출생률인 $p_1 = p_2 = \cdots = p_n$이라 하면 결국

$$p = f(n_i, N_i)$$

가 되어, 도시의 인구규모는 출생률의 제한에 따라 미리 결정된다고 볼 수 있게 된다. 즉, 출생률이 분포하는 양상에 따라 도시의 규모는 특정한 선에 도달하도록 잠재적으로 결정되어 있다는 뜻이 된다. 이러한 설명은 도시 및 중심지의 규모가 규칙성을 보이는 이유에 대한 현실적이고 수학적인 설명이 될 수 있으나, Zipf가 제시하는 서열 자체의 규칙성을 직접적으로 설명한다고는 볼 수는 없다.[26]

---

26) Berry, B. J. L. & Garrison William L. 1958a, p.87.

• Simmons 에 의한 확률론적 설명

H. A. Simmons 역시 도시의 규모규칙에 대한 설명을 시도하였으며, 생물학에서 사용되는 빈도분포에 대한 확률적 접근을 통해 이러한 규모규칙의 원리를 도출하고자 하였다.[27] 빈도분포에 대한 접근의 가정과 도출과정을 생략하고 최종적인 결과를 제시하면 다음과 같다.

(a) $\alpha = n_k / k$

(b) $f(1) = n_k / 2 - \alpha$

(c) $f(i) / f(i-1) = \dfrac{(1-\alpha)(i-1)}{1 + (1-\alpha)i}$

여기서 f(i)는 i순위 도시의 숫자이며, n_k는 특정한 임계치의 규모 이상 도시의 총수, k는 이들 n_k도시들의 총인구가 된다. 이 경우 n_k의 도시들이 어느 정도 인구 규모가 충분한 도시들이라고 하면 (a)의 α값은 매우 작아서 무시할 수 있게 된다. 이에 따라 위의 (b)와 (c)는 매우 간단한 분수식으로 변형된다.

(b*) $f(1) = n_k / 2$

(c*) $f(i) / f(i-1) = \dfrac{(i-1)}{(1+i)}$

---

27) Simmons, H. A., On a Class of Skew Distribution Functions, *Biometrika*, Vol.42, 1955, pp.425 – 440.

Simmons는 이렇게 확정된 식을 실제로 Washington 주에 적용시켜 다음과 같은 결과를 얻는다.

표 2.2 Washington 주의 인구대별 도시수 예측 및 실제(Simmons, 1955, p.438)

Population of cities in 1,000's	Number of cities of this population		Number of cities equal to or greater than this population	
	Expected	Observed	Expected	Observed
5 - 10	18	16	36	36
10 - 15	6	6	18	20
15 - 20	3	3	12	14
20 - 25	2	2	9	11
25 - 30	1	1	7	9
30 - 35	1	2	6	8
35+	5	6	5	6

[표 2.2]에서 잘 드러나듯이, 워싱턴 주의 인구 5,000명 이상의 도시들의 출현빈도를 Simmons의 식으로 예측한 결과, 실제 조사된 수와 단지 2회에 걸쳐 2개 도시와 1개 도시의 차이만을 나타냈을 뿐 거의 일치하는 것으로 나타났다.

 • *중심지의 위계적 규칙 연구의 의미*

도시의 서열에 대한 규칙이나 각 규모별 도시의 출현빈도가 지역에 관계없이 어떤 일정한 경향을 가진다는 점은 크게 보아 중심지이론의 출발지점인 공간상의 중심지는 설명이 가능한 패턴을 나타낼 것이라는 예측과 유사한 점을 가진다. 현실의 공간에서는 여러 가지 현실의 변수와 또 다른 맥락의 차이로 인해 불분명하고 애매하게 나타나고 있으나, 중심지이론에서 기본적으로 전제하는

중심지의 위계별 분포 수는 다시금 식별할 수 있는 규칙으로 나타
난다는 점을 확인시켜 주기 때문이다. 인간의 공간 활동은 임의적
이거나 불규칙하게 나타나는 것이 아니라 설명할 수 있는 어떤 경
향과 규칙성을 띤다는 점을 일련의 접근들은 다시 한 번 강조하고
있는 것이다.

3) 중심지의 영역에 대한 연구들

도시화율이 높고 전체 인구의 밀도가 높은 지역일수록 중심지는
도시의 밀집된 일부로 인식되는 경향이 있으며, 이에 따라 전체
도시 내에서도 특정한 지역의 중심성이 발달하면서 이러한 중심지
를 '도심(City Center)', '중심업무지구(CBD)' 등의 명칭으로 부르게
된다. 중심지이론에서 전제된 조방적 토지 이용과는 달리 밀집되고
연속적인 토지 이용이 이루어지는 도시지역에서는 중심지역의 위
치와 그 경계를 파악하는 데 난점이 발생하게 된다. 이들 도시 내
의 중심지역의 위치와 경계를 파악하는 부분에 대한 연구로는
Murphy와 Vance의 '도심경계설정' 연구가 대표적이다.

• *Murphy & Vance의 도심경계설정을 위한 지표연구*

도시 내 중심지의 경계를 설정하는 지표를 위한 연구[28]를 수행
한 Murphy와 Vance는 도심을 여러 가지의 지표를 통해 그 경계를
파악하고자 했다. 이들이 도심의 경계설정에 있어 주요한 기준이

---

28) Murphy, J. P. & Vance, J. E. *Delimiting the CBD, Urban Research Methods*, D. Van
    Nostrand Company, Inc., 1967.

될 수 있다고 보았던 지표들은 각각

- 인구분포에 관련된 지표
- 지가 내지 건물의 임대료와 관련된 지표
- 토지 이용의 분석(토지 이용의 강도나 밀도 등)에 따른 지표

등이 있다. 이 중 지표화하여 도심의 경계를 구분하는 데 사용한 기준은 토지 이용의 강도와 밀도를 측정하는 방법이었다. 이렇게 제안된 세 가지 지표는 이른바 'Central Business Index Method(중심 업무지수법)'라 하여, 다음과 같이 제시되었다.

```
1) Total Height Index(THI):
   THI = (total floor space) / (total ground floor space)
2) Central Business Height Index(CBHI):
   CBHI = (central business space) / (total ground floor space)
3) Central Business Intensity Index(CBII)
   CBII = (central business space) / (total floor space) × 100
```

THI는 도심의 물리적 높이를 통해 토지 이용이 집약된 정도를 파악하기 위한 것으로, 건물의 층고의 차이를 통해 도심의 경계를 설정하기 위한 방법이고, CBHI는 이 중 중심적 상업용도로 이용되는 연상면적만을 해당 지역의 블록면적을 나누는 방법으로, THI와는 달리 전체 건물의 연상면적이 아닌 특정한 중심적 상업용도의 면적만을 포함한 것이다. 또한 CBII는 해당 블록 내의 전체 연면적 중에서 중심적 상업용도로 활용되는 연면적만의 비율을 백분화한 것으로, 전체 건물의 이용가능 면적 중에서 중심적 상업용도로의

활용비율이 얼마인가를 측정하기 위한 지표이다. 이들은 임의적으로 CBHI가 1 이상, 그리고 CBII는 50 이상일 경우 도심에 속한 것으로 판정하였다.

• *우리나라에서의 도심경계 설정관련 연구*

우리나라의 경우 상업지역의 비율이 서구의 도시보다 일반적으로 많은 것으로 알려져 있고, 도심의 면적이 상대적으로 크고 그 경계가 불분명한 특성이 있다. 서울의 도심부 범위를 파악하기 위해 Murphy와 Vance의 연구에서 도출된 지표를 적용한 김창석, 남진의 연구[29]를 살펴보면, 서울의 종로 및 중구 도심부의 경우 CBII 값 90 이상, CBHI 값 3 이상의 법정동을 그 도심부로 규정하고 그 내부의 밀도분포에 의해 다시 구체적인 도심부 경계를 결정하였다.

여기서 적용한 지표의 기준 값이 높게 설정된 것은 Murphy와 Vance의 연구에서보다 서울 도심부의 충고와 밀도 수준이 상대적으로 높다고 보았기 때문이다. 그러나 이렇게 설정된 도심부의 경계는 그 영역이 불규칙하고 불연속적인 것으로 나타났으며, 도심내부에도 포함될 수 없는 영역이 상당부분 존재하는 등의 문제가 발생하였다. 이는 전반적으로 위의 지표가 우리나라 도심의 판별에는 적절하지 못함을 뜻하는데, 우선 밀도가 높은 서울의 특성상 Murphy와 Vance가 설정한 기준과는 전혀 다른 기준을 필요로 하기 때문이며, 서울의 공간적 구조는 격자형 블록구조에 의해 분명하게 공간적으로 구분되는 미국의 도심에 비해 그 규모와 경계가 불분명하여 블록단위로 적용되는 위의 지표가 정확히 적용되기 어

---

29) 김창석, 남진, 서울시 도심부 공간구조의 변천에 관한 연구, *서울학연구* Vol.10, 1994, pp.191 – 227.

렵기 때문이다. 또한 미국 도시들의 전형적인 CBD와는 달리, 서울의 도심은 각종 소규모 도소매업을 다수 포함하고 있으며, 층고가 낮은 건물들도 다수 입지하고 있다는 점 또한 위의 지수로는 서울의 도심경계를 설정하기 어려운 이유가 되고 있는 것으로 추측한다.

4) 중심성 측정에 대한 연구들

중심지 간의 위계성이나 중심지들의 서열, 그 영향력을 파악하기 위해서는 각 중심지들이 가지는 총체적인 영향력을 먼저 측정할 필요가 있다. 중심지의 영향력을 반영하는 지표인 중심성을 측정하기 위한 여러 방법들이 제안되어 왔으며, 이른바 '중심성지수(Centrality Index)'를 고안하고 이를 통해 '중심성'을 측정하기 위한 시도들이 있어 왔다.

(1) Berry 등의 중심성 구분

Berry가 중심지의 특성에 대해 연구하기 위한 대상으로 삼은 지역은 주로 소도시와 그 주변지역의 중심지들로서, 중심지들의 인구밀도가 낮고, 그 보유기능 역시 메트로폴리스와 그 주변지역에 비해 적은 지역들이었다. 특히 기능들을 구성하는 각 업종들은 그 범주가 다양하지 않고 명확히 구분되는 소수였다.[30] Sohonomish County 내의 중심지들을 대상으로 한 연구에서 그는 52개의 기능들을 조사하고 인구 규모별로 나타나는 빈도를 조사하여 기능별 'threshold(기능유지를 위한 개념적인 최소 인구 규모)'를 측정하고 52개의 기능을 이 threshold의 순위

---

30) Berry, B. J. L. & Garrison, W. L., 1958b, 145 - 154.

에 따라 배열하였다. 그 결과 이들 기능을 포함하는 범위와 정도에 따라 중심지 간의 3개의 불연속적인 그루핑이 나타남을 발견하였으며, 이에 따라 전체 중심지를 3계층으로 구분할 수 있었다.

표 2.3 52개 기능분포의 불연속성에 따른 중심계층분
(Berry & Garrison, 1958b, p.147)

Central Functions	Classes of Central Places		
	A	B	C
Variates:			
Group 1_1	p	f	f
Group 2_1	–	p	f
Group 3_1	–	s	f
Attributes:			
General Store	p	–	–
Group 1_2	s	p	f
Group 2_2	–	p	f
Group 3_2	–	s	p

s-some: p-partial range: f-full range

*A Class A center, for example, provides a partial range
Of the functions of group 1_1, a few of the functions of
Group 1_2, and most, although not all, of the centers will
Have general stores.

구분된 3계층의 중심지에서 고차의 중심지는 threshold가 높은 기능들을 보유하는 가운데 저차 중심지에서 나타난 기능까지를 포함하는 성향을 나타내고 있었다. 결국 전체적인 중심지의 위계와 중심성은 그 중심지가 보유하고 있는 기능의 수에서 뚜렷하게 나타났고, 위의 표에서 볼 수 있듯이, 최고차위 중심지인 C그룹의 중심지들은 'Variates(소매상 등 일반적인 기능들)' 모두를 'f(full range: 전

범위)'급으로 보유하고 있는 것으로 나타났다. 이러한 결과는 Christaller의 중심지이론에서 제시된 바와 같이, 보다 상위의 중심지는 하위의 중심지가 가지는 기능들을 모두 포섭하는 상태에서 보다 고도화된 기능까지 보유하게 된다는 중심지 기능의 '포섭원리(Nested Principle)'와 일치한다. 이같이 중심지들의 기능구성이 단순히 포섭의 원리에 따라 이루어진다면 중심지의 위계는 해당 중심지가 보유하고 있는 기능의 총계만으로도 판별이 가능해지며, 기능별 threshold나 기능들 간의 고도화 정도의 차이 등은 중심성의 측정에서 큰 의미가 없다고 볼 수도 있을 것이다.

(2) Davies의 중심성지수

• 업종별 총계와 희소도를 반영한 중심성지수

Davies는 Berry계통의 연구와 같이, 중심지의 중심성은 결국 그 중심지가 보유하고 있는 기능의 '집적도'에 비례한다고 보고 다음과 같은 중심성지수를 제안하고 실제 중심지 측정에 활용하였다.[31]

$$Cf(j) = \frac{1}{\sum Aj} \times 100$$

$$Fij = \sum Aij \times Cf(j)$$

$Cf(j)$: Location Coefficient of the function j

Aj : Total number of the function j in the area A

---

31) Davies, W. K. D., Centrality and the Central Place Hierarchy, *Urban Study*, 1967, Apr., pp.55 – 71.

Aij : Total number of the function j in the center i

Fij : Centrality value of the function j in the center i

어떤 중심지의 중심성이 이와 같이 간단한 지수에 의해 표현될 수 있는 것은 앞서 Berry의 연구에서도 나타나듯이, 중심지들의 기능들은 중심지의 위계에 따라 포섭원리를 따른다는 원칙을 반영했기 때문이다. 결국 기능을 많이 보유한 중심지는 보다 고도화된 기능들도 보유하고 있으며, 따라서 기능들의 합계만으로도 중심성의 측정이 가능하다고 본 것이다. Davies 지수에서 추가적으로 고려된 것은 중심지와 그 주변지역을 통틀어서 특정기능이 흔하고 희박한 정도를 반영하기 위해 각 기능별 'Location Coefficient'를 활용했다는 부분이다. 이 Location Coefficient는 해당 지역 내에서 그 기능이 얼마나 흔한가, 혹은 희박한가 하는 정도를 백분율의 형태로 반영한 것이다. 고차의 중심지에만 분포하는 고도화된 기능은 일반적으로 그 수가 적어서 전체 기능의 합계에 총량으로는 큰 영향을 주지 않을 우려가 있다. 따라서 일종의 '희소도' 개념을 가지는 이 Location Coefficient를 가중치 형태로 곱함으로써 각 기능이 희소한 정도에 따라 그에 비례하게 높은 가중치가 부여될 수 있게 한 것이다.

• *Davies 중심성지수의 난점*

Davies 지수는 희소도를 가중치 형태로 곱함으로써 기능 간의 단순 총계로 중심성을 측정하는 데서 오는 위험성을 어느 정도 감소시켰다. 그러나 다양한 공간의 맥락을 무시하고 적용되기에는 몇 가지 결함을 가진다. 우선 희소도의 문제에 있어, 희소한 기능에 높은 가중치를 부여한다는 것은 해당 기능이 실제로 고차의 중심에서만 희귀하게 나타나는 고도화된 기능인 경우에는 일견 타당하다. 하지만 한편으로 다양한 기능 중에서 단지 그 기능의 이용 빈도가 높지 않아서 희소해진 기능일 가능성도 무시할 수 없다. 이러한 기능은 실제 그 활용도는 높지 않음에도 불구하고 단지 수적으로 희소하게 나타난 결과만으로 높은 가중치를 부여받을 수도 있는 것이다. 물론 Berry나 Davies가 조사한 지역들은 그 기능의 수와 종류가 많지 않은 지역이므로 개별 기능들에 대해 미리 그 특성을 조사할 수 있으므로 이러한 난점은 사전에 극복될 수 있다. 그러나 대상 중심지의 규모가 더 커지고 기능이 수와 종류에서 복잡 다양해짐으로 인해 기능의 개별적인 특성이 미리 파악되기 어려운 상태인 경우에는 이러한 지수식의 적용은 상당한 난점을 가질 수밖에 없다.

또 다른 문제는, 개별 기능들의 '규모의 차이'가 고려되지 않았다는 점이다. 역시 기능의 수와 종류가 다양하게 분포하는 지역의 경우, 동일한 기능일지라도 그 규모의 크고 작음에 따라 공간적 영향력에서는 큰 차이를 보일 수 있으며, 이런 경우 동일한 기능이라 할지라도 중심성상의 영향력에 있어서 차별을 두어야 하기 때문이다.

마지막으로 고려되어야 할 난점은, 희소도는 지역적인 편차를 나타낼 수 있다는 점이다. 특정 기능이 고도화되어 있다는 것은 어떤 지역 내에서 결정되는 문제가 아닌, 전체 경제 체계, 기술의 발달, 유통업의 발달, 사회·문화적인 흐름에 따라 결정되는 측면이 크며, 단지 중심성의 측정의 대상이 되는 지역 내에서 희소한

업종이었다고 해서 그 기능이 고도화된 중심적인 기능인 것으로
판단하는 것은 문제가 있을 수 있는 것이다.

이러한 점들을 고려해 볼 때, Davies의 중심성지수는 그 기능의
수와 종류가 작고, 개별 기능들 간의 규모 차이가 크지 않으며, 각
기능에 대해 미리 관찰하여 특성을 파악할 수 있는 경우에만 적용
이 가능한 방법으로 볼 수 있다. 따라서 도시화 정도가 낮아 기능
의 수와 종류가 작은 농촌적 지역이나 저개발 지역 등일수록
Davies 중심성지수의 활용도는 높아질 것으로 생각할 수 있으나, 도
시지역에의 적용에는 많은 문제가 있음을 알 수 있다.

• 우리나라에서의 적용 사례

이동훈[32]은 Davies 지수를 지방 소도시 지역에 적용하여 그 중
심성의 분포를 측정한 바 있으며, 김주일[33]은 Davies 지수가 대도
시에 적용될 경우 각 기능들의 고용력에 따른 차이가 추가로 반영
되어야 한다고 보고 각 기능의 고용력을 계산하여 이를 또 다른
가중치로 반영한 '수정 Davies 지수'를 통해 서울의 도심 위계를
파악하고자 하였다.

김중수[34]는 Davies 지수를 수도권 위성도시와 전국의 도시에 적
용하여 그 서열을 측정하였고, 각 기능과 중심성 간의 상관관계를
분석하였다.

이태원[35]은 서울의 상업업무시설의 입지 이동에 대한 연구에서

---

32) 이동훈, *농촌중심도시의 중심성지수와 정주권생활체계에 관한 연구*, 한양대학교 도시
   및 지역계획학 석사, 2000.

33) Kim, JUIL, Centrality Movement between Seoul City Centers, *Journal of Korean Planners
   Association*, Vol.38: No.3, pp.303 - 317.

34) 김중수, *수도권 위성도시의 성격과 중심성에 관한 연구*, 한양대학교 공학석사, 1993.

서울의 각 동별로 Davies 지수를 적용하였으며, 이에 따라 위계를 산정하고 그 변화경향을 살펴보았다.

이러한 사례들을 살펴보면 기능이 밀집되고 그 종류와 수가 다양한 도시지역을 대상으로 한 경우는 위에서 지적한 바와 같은 난점이 나타나고 있는 것으로 판단되나, 이에 대한 적절한 고려가 이루어진 사례는 많지 않았던 것으로 보인다.

(3) Preston의 Nodality, Centralty 구분에 의한 중심성 측정

Berry 계통의 연구의 중심성 측정은 주로 해당하는 중심지에 분포하는 모든 기능을 대상으로 하는 데 비해, Preston[36]은 일반적인 중심성 개념과는 달리, 'Centrality'와 'Nodality'를 구분하는 방식으로 일종의 '순중심성'을 측정하는 방법을 택하였다. 그는 Centrality를 해당 중심지 내부적인 수요가 아닌 외부로부터의 유입에만 대응하는 기능공급 정도라고 보고, 이에 비해 내부/외부를 모두 합한 기능공급의 정도를 Nodality라 하였다.

$$C = N - L$$

여기서 C는 Centrality로서 해당 지역의 영향력 측면에서의 중요성을 뜻하며, 이 수치가 높은 지역은 전체 지역에서 중요성이 높

---

35) 이태원, *서울시 상업업무시설의 공간분포 및 입지이동에 관한 연구*, 한양대학교 공학석사, 2003.

36) Preston, R. E., The Structure of Central Place System, *Economic Geography*, Vol.47, No.2, Apr., 1971, pp.136 – 155.

은 지역으로 평가받게 된다. N은 Nodality를 나타내며, 해당 중심지 전체의 기능적 영향력, 즉 내부적 수요 / 외부적 수요에 상관없이 한 지역이 가지는 기능공급 전체를 말한다. L은 해당 중심지의 지역 내 수요로서, 지역인구가 많고 그 소비 정도가 클수록 이 값은 커지게 된다. 이 모형은 다시 다음과 같이 변형된다.

$$C = R + S - \alpha MF$$

    R: 소매기능의 총판매액
    S: 서비스기능의 총판매액
    α: 소매 및 서비스기능에 소요되는 가구당 평균비용
    M: 특정 중심지에서의 가구당 평균소득
    F: 특정 중심지에서의 총가구수

이 모형에서 의미하는 바는 결국 해당 중심지가 중심지로서 가지는 영향력에서는 그 '중심지 내부의 수요' 측면도 고려되어야 한다는 점이다. 해당 중심지가 가지는 영향력은 전체 기능공급 중에서 내부적인 수요에 의해 소요될 것으로 판단되는 수치를 제한 나머지에 비례한다는 것이다. 따라서 내부적인 수요를 고려하지 않은 기존의 중심성 측정방법들은 이 기준에 따르면 Centrality가 아닌 Nodality를 측정한 것으로 볼 수 있다.

한 지역의 중요성이 타 지역으로의 영향력으로 발휘되기 위해서는 해당 지역의 수요보다는 타 지역으로부터의 수요에 대응하는 정도가 커야 한다고 볼 수 있다. Preston의 중심성 측정 모형은 이

런 부분을 감안하여 보다 현실적인 공간적 영향력을 추구한 것으로 평가할 수 있을 것이다.

(4) Christaller의 전화대수에 의한 중심성 측정방법

Christaller는 중심지의 전체적인 중심성이 그 중심지가 보유하고 있는 전화대수에 의해 측정될 수 있다고 보고 전화대수에 의한 중심지 측정 모형을 제안하였다.

$$C_i = t_i - P_i \times (\frac{T}{P}) = t_i - T \times (\frac{P_i}{P})$$

C_i: 중심지 i의 중심성(Centrality)

t_i: 중심지 i의 전화대수

P_i: 중심지 i의 인구

P: 지역 전체 인구

T: 지역 전체 전화대수

이 방법은 전화대수가 중심지가 보유한 기능의 수와 전반적으로 비례한다는 가정에서 출발한 것이다. 따라서 중심지가 보유한 기능의 수(양적인 지표)만으로도 중심지의 위계가 평가될 수 있다고 본 그의 이론적 관점과 일치하는 지표로 볼 수 있다. 그러나 전화대수는 개별 기능의 특성에 많은 영향을 받을 뿐 아니라 전자통신 수단이나 전자상거래 수단이 발달할수록 전화에 의한 기능적 역할은 줄어들게 되므로 중심성과의 관계는 점차 약화되는 것으로 생각할 수 있다. 따라서 전화대수라는 단일 변수보다는 인터넷 회선 연결이나 도메인의 수 등 현재의 여러 통신수단을 변수로 하여 중심성을 측정하는 방법들이 고려될 필요가 있을 것이다.

(5) 국내 중심성 측정 연구 사례

우리나라에서 수행된 연구들의 경우, 중심성을 측정하는 단일한 지표를 적용하기보다는 중심성과 관련된 변수인 고용, 기능의 입지 강도 등을 상황에 따라 복합적으로 적용하고 이를 통해 도시구조를 분석한 사례가 대부분이다.

이창수는 서울의 상업지역 유형에 대한 그의 연구[37]에서 중심적인 기능은 고용밀도와 지가의 상관관계가 높게 나타나는 업종으로 보았고, 이렇게 판단된 중심기능상의 고용밀도 수준이 높은 지역이 중심성이 높은 지역이라 보아 이에 따라 서울의 행정동을 4위계로 구분하였다.

오태현은 도소매업 분포에 따른 지역 계층구조에 대한 연구[38]에서, 서울의 각 동별 도소매업 종사자수를 통해 지역의 계층을 구분하였다.

이수동은 소매기관의 상권분석 및 입지선정에 관한 연구[39]에서, 서울의 구별로 상권의 유입력에 대한 변수들을 요인분석하고 이들 요인점수를 '유인력 관련 / 쾌적도 관련 요인'으로 나누어 등급화하

---

37) 이창수, *서울시 상업지역의 계층구조와 유형분석에 관한 연구*, 서울대학교 공학박사, 1992.

38) 오태현, *유통기관의 지역적 계층구조에 관한 연구*, 서울대학교 경영학석사, 1981.

39) 이수동, *한국 소매기구의 상권분석 및 입지선정에 관한 실증적 연구*, 고려대학교 경영학박사, 1987.

고 이를 그루핑함으로써 중심지 위계를 측정하였다.

최영명은 소매기능의 중심지 체계분석에 대한 연구[40]에서 서울의 각 동별 소매기능의 판매액이 해당 동의 수요를 넘는 경우 타지역을 포섭하는 힘이 높다고 보아, 이 차액을 토대로 중심성을 측정하였다.

이상과 같이 국내의 관련 연구들은 대부분 대도시지역의 중심성 분포를 파악하기 위해 지역의 특성에 따라 고용 및 기능, 그리고 밀도와 관련된 변수들을 복합적으로 분석한 연구들이며, 이를 통해 도시 내부의 토지 이용 특성 및 도시구조를 파악하고자 하는 시도들로 요약할 수 있다. 이 같은 연구 경향은 중심성을 여러 가지 복합적인 변수를 통해 엄밀하게 측정하려는 시도라는 점에서 의미가 있으나, 기능적 특성이 다른 여러 지역에도 일반적으로 적용될 수 있는 중심성 측정방법 내지 중심성 지표의 개발로 연결되지는 못하였다. 중심성 분포의 측정은 사례 지역의 도시구조를 파악하기 위한 수단인 경우가 대부분이었으며, 일반적으로 적용될 수 있는 통합적인 중심성 측정방법을 개발하려는 시도는 부족한 것으로 볼 수 있을 것이다.

5) 중심지의 내부구조에 대한 연구들

중심지의 내부구조라 함은 내부의 물리적인 패턴에 대한 부분뿐 아니라 내부의 기능적인 구조까지를 말한다고 볼 수 있다. 이러한

---

40) 최영명, 소매기능의 중심지 체계 분석 및 기능공급규모에 관한 연구, 서울대학교 공학박사, 1993.

내부 구조와 패턴에 대한 사례는 Garner와 R. L. Davies의 연구에
서 찾아볼 수 있다.

(1) Garner의 중심부 기능구조 분화 모형

Garner는 상업중심지의 미시적인 토지 이용 구조와 기능구조에
대한 연구[41]에서, Berry가 구분한 Nucleated Area 형태의 상업중심
지의 내부구조를 기능 간의 포섭원리를 통해 구체적인 형태로 보
여 주었다. <그림 2 - 13>에서 가정한 지역은 Berry의 중심지 유
형 중 Nucleated Area에 해당하는 부분으로, 그 위계는 각각
Neighborhood, Community, Regional Level로 구분된다. 상업중심이
발생하는 지역은 주요 도로가 교차하는 지점이며, 이곳에서 각 위
계의 상업중심이 발생하게 된다고 가정하면, 가장 내부의 교차로에
서 정점을 이루고 그로부터 거리에 따라 감쇠하는 Bid - Rent 곡선
을 예상할 수 있다.

근린(Neighborhood) 차원의 상업중심에서는 근린상업(N) 기능이
충분히 수용될 수 있는 수준에서 단일한 Bid - Rent 곡선을 이룬다.

그러나 상업중심지의 위계가 높아지게 되면 그 최중심부는 다시
또 다른 차원의 Bid - Rent 곡선을 가지게 되므로 중심지역 내부에는
새롭게 또 하나의 동심원 존이 등장하면서, 여기에는 다시 새롭게 발
생한 Bid - Rent 곡선을 감당할 수 있는 수준의 기능이 입지하게 된다.

---

41) Garner, B. J., *The Internal Structure of Retail Nucleation*, Evanstone, 연도 불분명: 다음의
　　논문에서 재인용함: Davies, R. L., Structural Models of Retail Distribution: Analogies
　　with Settlement and Urban Land - Use Theories, *Transactions of the Institute of British
　　Geographers*, No.57, 1972, pp.59 - 82.

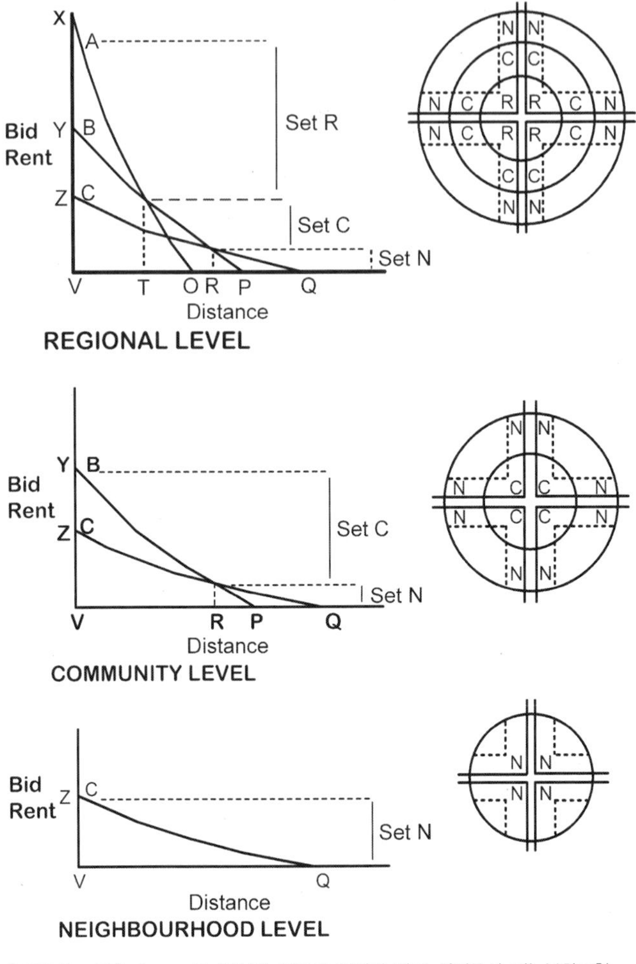

▌**그림 2-13**▐ Garner가 제시한 중심지 위계에 따른 상업중심 기능분화모형

그러나 기존의 기능(근린상업 기능)은 완전히 사라지는 것이 아니며, 단지 동심원의 주변부로 물러나, 다시 자신들이 감당할 수 있는 수준의 Bid-Rent 곡선의 영역으로 이동하게 되는데, 이때 전체 중심지의 시장규모 역시 증가하기 때문에 그 기능은 여전히 유지될 수 있다. 이런 방식으로 중심지의 위계가 Regional 차원까지 상승하게 되

면 동심원적 분포는 <그림 2-13>의 첫 그래프와 같이 세 겹으로 늘어나며, 역시 Community 차원의 기능을 밀어내고 이보다 더 고도화된 일련의 기능들이 다시 중심부에 입지하게 된다.

이러한 Garner의 중심지 내부 분화과정에 대한 단순화된 고찰은 기능의 포섭원리가 중심지 내부의 실제 토지 이용 구조의 차원에서 어떻게 반영되고 있는가를 밝혔다는 점에서 의미가 있으며, 중심지들의 외형적 체계에 대한 관심에서 나아가 중심지의 내부의 구조의 차원에서 볼 수 있는 관점을 제시하였다.

(2) R. L. Davies의 중심지 내부 공간 패턴 모형

R. L. Davies는 CBD급 중심지의 내부 공간구조와 기능분포를 조사한 결과 기존의 토지 이용 분화 모형 및 상업중심 유형 연구들에서 제시되어 온 기능분포 패턴들이 그 중심지 내부의 토지 이용에 복합되어 나타나고 있다는 점을 발견하였다.[42]

즉, Garner에 의해 제시된 중심지 기능의 동심원적 분포뿐 아니라, Harris-Ullman의 '다핵모형'에서 제시된 기능별 핵의 출현, 그리고 Berry가 구분한 상업지역 유형 중 Ribbon 타입의 선형상업지역 등을 모두 단일한 CBD 내부에서 발견할 수 있었다. 중심지의 내부 구조는 기본적으로는 Garner가 제시한 바와 같이 지대곡선의 차등화에 따른 단순 동심원적인 분포를 예상할 수 있지만, 실제도시구조에서는 사회적, 물리적 변수로 인해 다른 이론들에서 제시되는 상업중심 유형 및 토지 이용 패턴까지 복합하여 나타난다는 것이다.

---

42) Davies, R. L., 1972, pp.59-82.

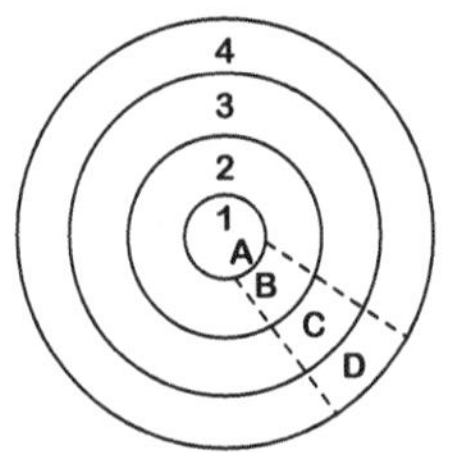

NUCLEATED CHARACTERISTICS

SHOP TYPES
1 Central Area
2 Regional Centres
3 Community Centres
4 Neighbourhood Centres

EXAMPLE CLUSTERS
A Apparel Shops
B Variety Shops
C Gift Shops
D Food Shops

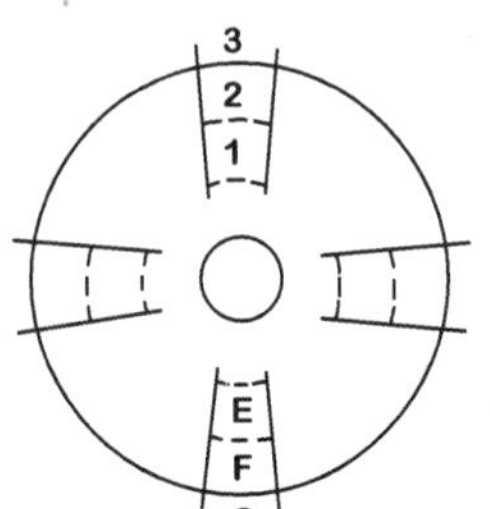

RIBBON CHARACTERISTICS

SHOP TYPES
1 Traditional Street
2 Arterial Ribbon
3 Suburban Ribbon

EXAMPLE CLUSTERS
E Banking
F Cafes
G Garages

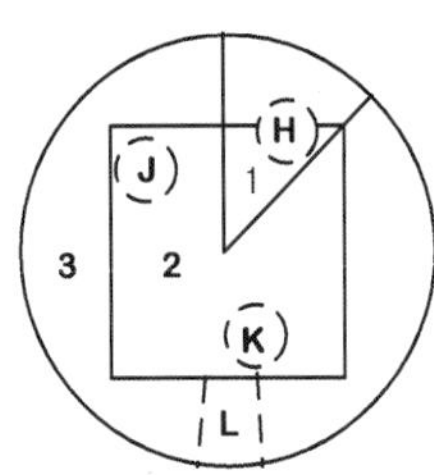

SPECIAL AREA CHARACTERISTICS

SHOP TYPES
1 High Quality
2 Medium Quality
3 Low Quality

EXAMPLE CLUSTERS
H Entertainments
J Market
K Furniture
L Appliances

THE COMPLEX MODEL

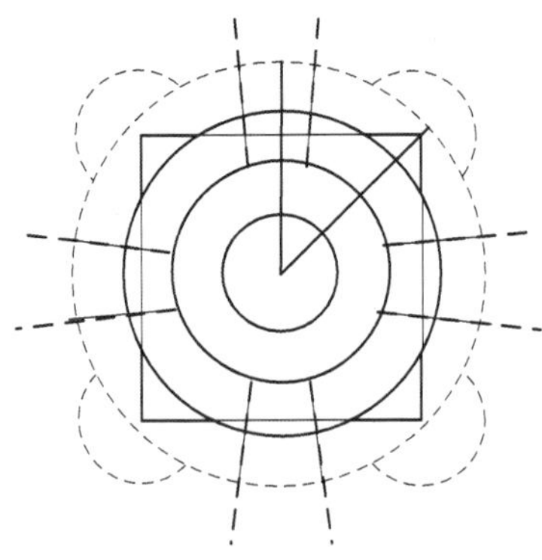

▍**그림 2-14**▍ CBD 내에서 동심원적 패턴,
Ribbon 상가, Specialized Area의 분포설명(Davies, 1972, p.72)

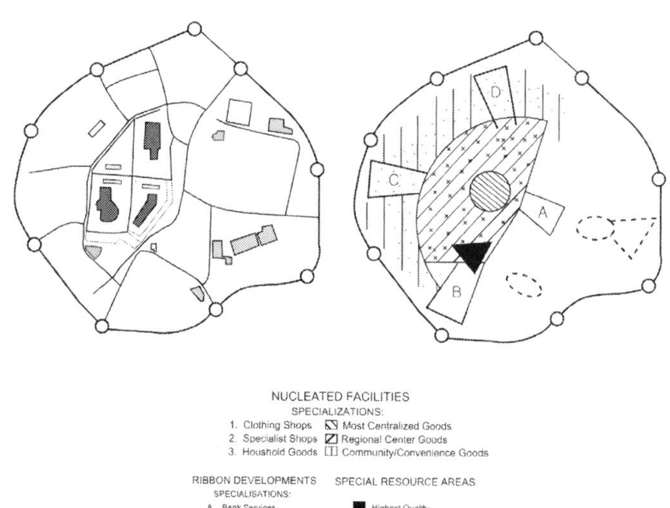

그림 2-15 실제 Conventry 중심지(좌) 및 기능의 배치 패턴 구분(우)

그는 실제 Conventry 지역의 중심지를 대상으로 하여 내부의 토지 이용 패턴을 조사해 본 결과, 중심지 관련 이론들에서 제기된 기능배치 패턴, 상업지역 유형 등이 만나서 조합되고 있다는 점을 발견하였다. 즉, 중심지이론 계통에서 언급되어 온 중심지의 기능 포섭현상, 기존의 도시사회학 방면의 도시토지이용구조이론 중 '선형이론(Sectoral Theory)', '다핵이론(Multi-Nuclei Theory)', 그리고 Berry에 의한 상업중심지 유형구분 연구 등에서 각기 등장한 토지 이용 패턴 및 유형들이 단일한 CBD 내에서 모두 복합되어 나타나고 있다는 것이다. Davies는 중심지의 내부 토지 이용 패턴과 기능구조는 이러한 이론의 연장선상에서 파악할 수 있음을 밝혔으며, 현실의 토지이용 패턴은 여러 이론에서 제기된 공간모형을 종합하는 입장에서 관찰해야 한다는 점을 강조하였다.

2. 공간 상호작용과 관련된 상권인력이론

앞서 살펴본 중심지이론 계통의 연구들은 Christaller의 중심지이
론적인 토대에서 출발하여 현실적으로 나타나는 중심지의 위계와
구조, 그 기능구성 및 경계의 설정 등에 대한 연구들로서, 전체적
으로 보아 이미 입지하고 존재하는 중심지들이 이루는 정적인 체
계 내지 그 내부구조에 대한 연구로 요약할 수 있을 것이다. 또한
기능이 이미 적절하게 공급되어 균형을 이루고 있는 중심지 체계
를 전제로 하고 있다는 점에서는 주로 기능공급의 관점에서 바라
본 중심지이론이라고 할 수 있다. 이에 비해서, 중심지 간의 동적
인 역학관계에 중점을 두는 이론계통 역시 찾아볼 수 있는데, 이
는 주로 상권으로서의 중심지의 특성을 파악하고자 하는 연구들에
서 나타난다. 이러한 이론들은 중심지는 인력을 가지는 하나의 상
권으로서 또 다른 중심지들과 역동적으로 상호 작용하면서 균형을
이루어 가고 있다는 동적인 가정에 근거하고 있으며, 정적인 체계
보다 이러한 상호작용 방식과 인력을 측정하는 데 중점을 둔다.

1) 상권의 상호작용에 관한 이론

상권이라 함은 보통 특정한 소매기능이 대상으로 하는 시장의
공간적 범위 내지 이를 방문하는 소비자의 비율이 특정 정도 이상
이 되는 공간적 범위를 말한다. 상권의 범위는 가상적으로 하나의
영역으로 구분하기도 하나, 도시 공간에서의 상권은 어디까지나 확

률적인 분포를 하고 있어 정확히 구분되는 경계가 존재하는 것은
아니라고 볼 수 있을 것이다. 이에 따라 상권의 상호작용에 관한
이론 역시 초기단계에서는 구체적인 범위를 설정하는 모형에서 점
차 확률적인 상권을 찾는 모형으로 변형되어 간 것을 볼 수 있다.

(1) Reilly의 소매인력(Retail Gravity)이론

소비자가 그 방문할 대상 기능을 공간상에서 선택하는 과정을
모형화하기 위한 최초의 시도로 제시된 것이 이른바 '소매인력이
론(Retail Gravity Theory)'으로 불리는 Reilly의 모형이다.[43] 물리학
에서의 '만유인력법칙'으로 알려진, 사물이 서로 이끄는 힘은 질량
에 비례하고 그 거리에 반비례한다는 법칙은 각 학문 분야에서의
유사모형화 시도의 일종으로 도시지리학 분야에서도 적용되었으며,
이를 통해 상권의 상호작용에 대한 이론들이 활성화되는 계기를
맞게 되었다. Reilly가 제시한 소매인력 모형은 다음과 같은 간단한
식으로 제시된다.

$$\frac{B_a}{B_b} = \frac{P_a}{P_b}(\frac{D_b}{D_a})^2$$

a와 b로 일컫는 두 지역이 있을 때, 두 지역 간의 상업적인 상
호작용에 있어서 B_a는 a로의 유인력을, B_b는 b로의 유인력을 나타
낸다. 이때 두 힘 간의 비율, 즉 b지역으로의 유인력에 대한 a지역

---

43) Reilly, W. J., *The Law of Retail Gravitation*, W. J. Reilly, New York, 1931.

으로의 유인력의 비율은 그 두 지역의 인구비율에 비례하고 거리의 비율의 제곱에 반비례한다는 것이다. 결국 상업적인 상호작용에 있어서 어떤 지역이 가지는 유인력은 그 인구나 상업지역의 규모 등에 비례하고 거리의 제곱에 반비례한다는 판단에서 나온 모형이다. 이 모형은 공간상의 이동비용과 선택대상들이 가지는 유인력 간의 '교호관계(trade – off relationship)'를 제시한 최초의 시도였다는 의미를 가진다.

(2) Converse의 상권분기점 측정

Reilly에 의해 최초로 시도된 중력모형에 의한 상업적 유인력의 측정은 다시 간단한 변형에 의해 그 유인력의 분기점, 즉 상권의 분기점을 측정하는 모형으로 바뀔 수 있었다. Converse는 그의 연구[44]에서 유인력의 분기점에 대한 다음과 같은 공식을 제안하였다.

$$D_a = \frac{D_{ab}}{1 + \sqrt{\dfrac{P_a}{P_b}}}$$

여기서 D_a와 D_b는 각각 a, b 지역으로부터 상권분기점까지의 거리를 의미하며, P_a와 P_b는 두 지역의 인구 내지 각종 상업적인 밀도나 강도를 의미한다. 이러한 분기점은 상업적인 중심지역의 상호

---

44) Converse, P. D., New Laws of Retail Gravitation, *Journal of Marketing*, Vol.14, 1949, pp.379 – 384.

작용하에서 구체적으로 구분할 수 있는 경계점을 측정하는 수단이 제시되었다는 데 의미가 있으며, 실제로 상표권의 분쟁 등에 따른 법률적 조정의 수단으로 쓰이기도 했다. 또한 Converse는 중력모형에서 단순히 거리에 반비례한다는 가정에서 한 걸음 더 나아가, 특정한 지역들 간의 상호작용에는 일종의 '저항성(inertia)'이 존재한다고 보아, 이를 포함한 중력모형을 만들고 이를 미국 Illinois 주의 중심지 간에 적용함으로써 이들 저항성이 각 대상들마다 어떻게 변하는가를 관찰하였다.

2) 상권의 확률적 모형화에 관한 이론

소매인력 모형이나 상권분기점 모형의 경우, 기본적으로 특정한 중심지가 가지는 상업적 영향력이 어떤 범위를 가진다는 인식하에서 시작되었다. 그러나 실제 도시 공간에서의 상권은 불연속적이고 확률적이며, 소비자의 대상 중심지나 상업시설의 선택 또한 확률적으로 설명되는 것이 보다 타당하다. 확률적인 측면에서의 상권선택 내지 상권유인력에 대한 모형은 Huff에 의해 최초로 다루어졌으며, 보다 정교하고 지역, 소비자의 특성을 감안할 수 있는 모형으로 점차 발전되어 갔다.

(1) Huff의 확률적 인력이론

Huff의 연구[45]가 가지는 두 가지 기여도는 첫째, 소매인력이론

---

45) Huff. D. L., A Probability Analysis of Shopping Center's Trade Areas, *Land Economics*,

등 기존의 상권 상호작용 관련 이론이 중심지나 상업지역 간의 실제 이동거리를 변수로 둔 것에 비해 '시간거리(time distance)'를 변수로 둠으로써 실제 소비자의 이동행태를 현실적으로 반영한 점이며, 둘째로는 그동안의 확정적인 모형들에 비해 상권의 확률적인 특성을 강조하는 모형을 제시하였다는 점이다. j지역에 있는 쇼핑센터를 i지역의 소비자가 선택하여 방문할 확률(U_{ij})은 그 쇼핑센터의 규모(S_j)에 비례하고 지역 간의 시간거리(T_{ij})에 반비례한다고 보면, 이때 U_{ij}는 다음과 같이 표현된다.

$$U_{ij} = \frac{S_j}{T_{ij}^{\lambda}}$$

여기서 λ는 시간거리에 의한 저항의 정도를 나타내는 매개변수(parameter)이다. 위의 확률식에 의해서, 전체 지역의 쇼핑센터 중에서 i지역의 소비자가 j지역의 쇼핑센터를 선택할 확률은 다음과 같다.

$$P_{ij} = \frac{\dfrac{S_j}{T_{ij}^{\lambda}}}{\displaystyle\sum_{j=1}^{n} \dfrac{S_j}{T_{ij}^{\lambda}}}$$

이렇게 어떤 쇼핑센터를 선택할 확률이 정해진다면, 그 쇼핑센터

Vol.53, 1963, pp.81 - 89.

의 상권 역시 확률과 전체 소비자수의 곱을 통해서 표현할 수 있다.

$$T_j = \sum_{j=1}^{n}(P_{ij} \times C_j)$$

T_j: j쇼핑센터의 상권

C_{ij}: i지역에 있는 소비자의 수

Huff의 모형은 많은 연구자들에 의해 실제 지역과 상권의 선택 사례에 적용됨으로써 상권을 연구하는 기본적인 모형이 되었다.

(2) MCI(Multiplicative Competitive Interaction Model) 모형

Huff의 모형이 중력이론을 확률적인 선택의 개념으로 변경하는 과정에서 소매인력이론상의 '물리적 거리(physical distance)'를 '시간 거리(time distance)'로 전환한 것 외에는 변수상의 추가나 변화는 없었다. 그러나 후에 상권의 유인력이 단지 그 규모에 비례하는 것만은 아니라는 문제가 제기되면서 유인력 변수가 다양하게 고려되기 시작했으며, 또한 교통시간 이외에도 다양한 저항변수를 모형에 반영고자 하는 시도들이 이어졌다. 이러한 결과로 나온 대표적인 모형이 이른바 '경쟁적 상호작용 모형(MCI)'으로, 다음과 같이 제시되었다.[46]

---

46) Masao, Nakanishi & Lee, G. Cooper, Parameter Estimation for a Multiplicative Competitive Interaction Model: Least Square Approach, *Journal of Marketing Research*, AMA, Vol.11, Aug., 1974, pp.303 – 311.

$$\pi_{ij} = \frac{\prod_{k=1}^{q} \chi_{kij}^{\beta_k}}{\sum_{j=1}^{m} \prod_{k=1}^{q} \chi_{kij}^{\beta_k}}$$

π_{ij}: i상황의 소비자가 상점 j를 선택할 확률

χ_{kij}: i상황하에서 선택대상 상점 j가 가지는 k번째 특성

β_k: k번째 특성의 변화에 대한 π_{ij}의 파라미터로, 그 특성의 민감도

여기서 χ_{kij}는 해당 상점이 가지는 특성들 중 소비자의 선택에 대해 영향을 미치는 모든 변수를 의미하며, 이러한 변수들 중에는 Huff의 모형에서 유일하게 고려된 점포의 규모 외에도 서비스의 수준, 주차장의 규모, 쾌적한 정도, 제품의 종류수 등 유인력과 관련된 여러 요인들을 포함한다. 또한 상점의 선택에 부정적인 영향을 미치는 교통시간, 거리, 교통비용 등의 요인들은 '저항요인(deference factor)'이 되며, 이들의 파라미터는 일반적으로 음(-)의 값을 가지도록 측정될 것이다. 해당 지역의 상점들의 특성과 소비자의 행태를 조사함으로써 각 변수들이 도출되고, 이들의 파라미터 설정을 통해 각 변수가 소비자의 선택에 영향을 미치는 정도를 결정함으로써 이 모형은 완성될 수 있다.

Huff의 모형에서 발전한 MCI 모형이 가지는 장점은 상점의 선택에 영향을 미치는 영향들에 대해 보다 실제적이고 많은 변수들을 추가할 수 있다는 점이다. 또한 인력모형과 마찬가지로 교통시간의 제곱에 반비례한다고 본 Huff의 모형에 비해 각 요인마다 실제로

관측되는 파라미터를 부여하게 함으로써 실제 공간의 행태상에서 나타나는 저항요인의 서로 다른 영향력을 반영할 수 있도록 하였다.

(3) MNL(Multinomial Logit Model) 모형

MNL 모형은 R. D. Luce의 '선택공리(Choice Axiom)'에 근거하여 작성된 모형으로, 소비자의 집합적인 선택자료를 이용하여 소비자의 공간상의 선택행태를 '다항로짓모형(Multinomial Logit Model)'에 의해 설명하고자 한다. MCI 모형과의 가장 큰 차이점은 MNL에서는 유인력을 지수함수의 형태로 정의하고 있다는 점이다.

$$A_i = \exp(\alpha_i \sum_{k=1}^{k} \beta_k \cdot X_{ki} + \varepsilon_i)$$

A_i: 상점 i의 유인력

이에 따라, 전체의 선택확률 모형은 다음과 같이 표현될 수 있다.

$$MS_i = \frac{\exp(\alpha_i \cdot \sum_{k=1}^{k} \beta_k \cdot X_{ki} + \varepsilon_i)}{\sum_{j=1}^{n} \exp(\alpha_i \cdot \sum_{k=1}^{k} \beta_k \cdot X_{ki} + \varepsilon_j)}$$

지수형으로 표현된 유인력 함수는 논리적 일관성을 충족하고 있는 장점이 있어,[47] 단순선형모형보다 선호되는 측면이 있다. 그러나 실증적인 연구의 경우에는 로그선형(log − linear)모형으로 변환

---

47) 김용준, 박유식, 광고비와 시장점유율 반응함수에 관한 실증연구, *광고학연구*, 제6권 2호, 1995, p.10.

되어 쓰일 수 있으며,[48] 소매인력에서부터 시작된 이러한 일련의 모형들은 곱셈형모형, 선형모형, 비선형모형으로 나뉘면서 여러 가지 형태로 발전되어 갔다.[49]

3) 상호작용에 의한 공간잠재력 모형(Spatial Potential Model)

도시 공간에서의 상호작용으로 인한 중심지와 상권의 형성, 그 세력권의 변화를 설명하고자 한 것이 앞서 살펴본 '상권인력이론'이라고 한다면, 이러한 상권과 관련된 인력을 통해 특정 중심지나 상권의 세력 및 영향력을 파악하는 것도 가능하다. 더 나아가 한 지역이 중심지로 성장할 수 있는 '잠재력(potential)'을 측정하는 모형으로도 이용할 수 있을 것이다. 이런 점에서 볼 때, 도시 공간에서 특정지역이 중심지가 될 수 있는 가능성 내지 잠재력은 가장 크게는 그 지역과 주변지역의 인구분포에 영향을 받을 것으로 볼 수 있으며, 또한 거리는 그 지역의 잠재력에 대한 가장 기본적인 저항변수로 볼 수 있다. 상권인력의 기본적 가정을 도시 공간상에 분포하는 잠재력을 파악하는 데 사용하고자 한 일련의 시도들은 이른바 '사회물리학(Social Physics)'으로 불리고 있다.

---

48) Nakanishi, M., Measurement of Sales Promotion Effect at the Retail Level – A New Approach, *Proceedings*, Spring and Fall Conference, American Marketing Association, Chicago, pp.338 – 343.

49) 중력모형의 여러 가지 형태에 대한 리뷰와 그 적용상의 장단점에 대해서는 다음의 논문에 잘 정리되어 있다: Jensen – Butler, C., Gravity Models as Planning Tools: A Review of Theoretical and Operational Problems, *Geografiska Annals, Series B, Human Geography*, Vol.54, No.1, 1972, pp.68 – 78.

- *사회물리학(Social Physics)의 접근*

특정한 상점이나 상업중심지가 선택될 확률의 형태로 나타나는 공간 상호작용모형들은 공간 내에서 분포하는 상업적인 잠재력의 형태로 바꾸어 표현할 수 있다. 공간상의 잠재력에 관심을 기울인 것은 이른바 사회물리학(Social Physics)[50]으로 불리는 분야의 연구자들이다. 이들은 공간이 가지는 사회적인 영향력 및 잠재력의 분포는 상당부분 물리학적 개념 및 그 아날로지(analogy)를 통해서 설명될 수 있다고 보았으며, 이를 통해 국토 및 도시 공간 내의 사회적 잠재력 분포를 측정하고자 하였다. 인구분포와 그에 따른 공간상의 영향력에 대해 연구한 Stewart[51]는 "특정한 그룹의 사람들이 공간상의 어느 한 지점에 미치는 영향력은 결국 그 인구 규모에 비례하고 그 지점과의 거리에 반비례하는 관계를 가진다."[52]라고 하였으며, 이는 앞선 모형들의 소비자가 상점의 규모에 영향을 받는 관계에 대한 기본적인 과정과 유사하다. 이러한 기본적인 가정은 인구를 주요한 잠재력 변수로 보고 이를 통해 공간상의 잠재력 분포를 측정하는 방향으로 진행되어 갔다.

- *인구잠재력(Population Potential)모형*

사회물리학에서 제시된 '인구잠재력모형(Population Potential Model)'에 따르면, 어떤 한 지점에서의 인구잠재력은 각 인구들이 그 지점

---

50) Social Physics에 대한 여러 관점과 리뷰는 다음의 논문에서 찾을 수 있다: Stewart, J. Q., Concerning Social Physics, *Scientific American*, Vol.178: 5, May, 1948, pp.12 – 48.

51) 사회물리학(Social Physics) 분야의 대표적 연구자로 표현될 수 있다: Lukermann, F. & Porter, P. W., Gravity and Potential Models in Economic Geography, *Annals of the Association of American Geographers*, Vol.50, No.4, Dec., 1960, p.500.

52) Stewart, J. Q., An Inverse Distance Variation for Certain Social Influences, *Science*, 1941. pp.81 – 94.

으로 오기 위한 거리로 각 인구 규모를 나누는 형태로 이루어진다고 보고 있다.

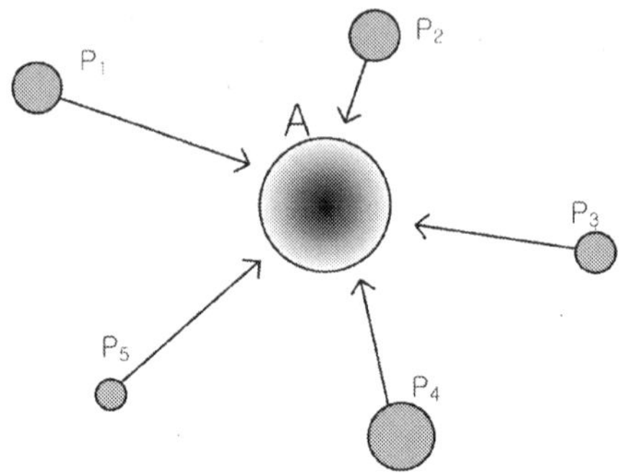

▮그림 2-16▮ Potential 모형 적용의 사례

예를 들어, 위의 A지역의 주위에 5개의 인구집단이 분포하고 있어 이를 각각 P_1, P_2, P_3, P_4, P_5라고 하고 이들 집단과 A지역 간의 물리적 거리, 시간거리 등 저항요소의 값을 d_1, d_2, d_3, d_4, d_5라고 한다. 인구잠재력모형의 취지에 따라, 이들 인구가 모두 A지역에 잠재하고 있는 '인구영향력'으로 계산되려면 각각의 인구집단의 A에서의 영향력은 다음과 같이 계산된다.

$$PO_i = \frac{P_i}{d_i^{\lambda}}$$

여기서 λ는 저항요소의 파라미터(parameter)이며, 이때 주변의 인구집단 분포에 따른 A지역이 가지는 전체 잠재력은 다음과 같다.

$$PO_A = \sum_{i=1}^{5} \frac{P_i}{d_i^{\lambda}}$$

 ▮기능특성 분포를 통해서 살펴본 서울의 도시구조와 도심체계

여기서 측정되는 값은 A지역의 '인구잠재력'으로 표현되며, 이는 상업지역의 상권잠재력이나 지역 대학으로의 입학확률, 지역 내 주거지로의 이전확률 등 공간상의 사회적 분포와 관련된 여러 가지 부분에서 현 상태를 판단하거나 미래를 예측하는 데 적용되어 쓰일 수 있다.

이러한 사회물리학 계통의 모형은 소매인력 모형과 기본적인 전제에서 동일하나 그 지향점과 활용방법에서 다르다고 볼 수 있다. 소매인력 계통의 모형은 기본적으로 두 지역 간의 상호작용을 통해 발생하는 선택의 확률을 구하는 것인 데 비해, 이 모형은 인구분포구조에 따라 발생하는 공간상의 잠재력 분포를 구하는 것을 목적으로 한다. 한편, 잠재력 모형은 현실의 도시 공간에서의 시설이나 중심지의 입지에 대해 그 적절성을 평가하고 장래를 예측해 볼 수 있는 기능을 가진다. 예를 들어 인구잠재력 값이 높은 지역임에도 중심지로 활용되지 못하고 있다면 이는 지역이 지니는 인구잠재력을 충분히 활용하지 못하고 있다는 것을 의미한다.

3. 관련이론 요약

• *두 이론계통의 요약 및 비교*

이상에서 중심지의 존재와 그 특성을 다룬 이론들을 '공간적 체계 관점의 중심지이론 계통'과 '공간 상호작용과 관련된 상권인력 이론 계통'으로 나누어 고찰해 보았다. 이 두 이론 흐름은 존재하는 중심지에 대한 해석과 규칙을 찾고자 하는 연구들과 중심지가 생성되기 위한 상호작용의 경향성을 설명하는 연구들로도 말할 수 있다. 또한 관점의 차이를 기준으로, 중심지 자체의 구조나 기능적 구성 등, 중심지 내부의 입장에서 자체의 특성을 이해하고자 하는 시도와, 중심지 외부에서 중심지들과 다른 지역들 간의 상호작용을 이해하고자 하는 시도로 구분할 수도 있을 것이다.

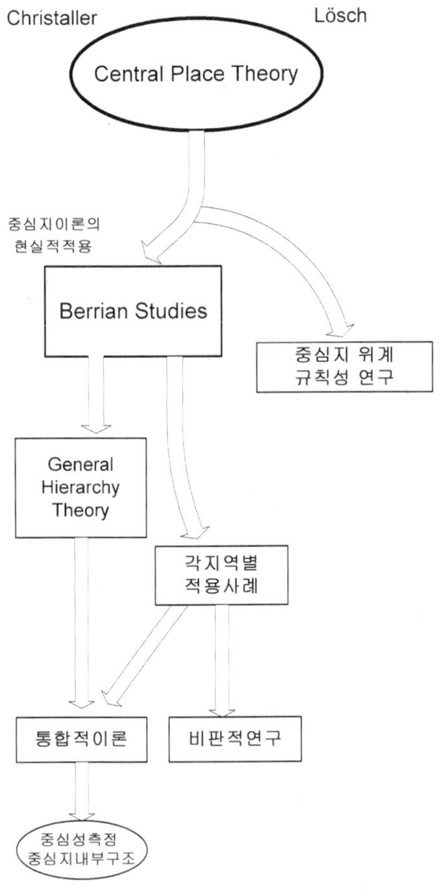

▍그림 2-23▍ 공간적 체계 관점의 중심지이론 계통

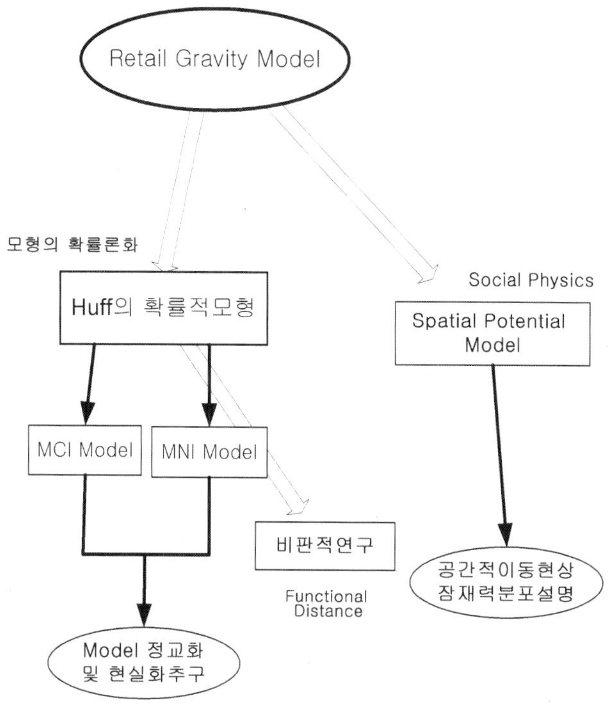

┃그림 2-24┃ 공간 상호작용과 관련된 상권인력이론 계통

┃표 2.4┃ 제시된 이론의 구분과 비교

이론 구분	공간적 체계 관점의 중심지이론 계통	공간 상호작용과 관련된 상권인력이론 계통
관련 연구	− Christaller, Lösch 중심지이론 − Berry 계통의 현실 중심지에 대한 연구 − 중심지 위계파악 및 중심지의 서열 규칙에 대한 연구 − 중심성 측정 및 중심성지수 연구 − 중심지 내부 구조, 중심지 경계 설정에 관한 연구	− 소매인력 모형 − Huff의 확률론적 모형 − MCI, MNL 등 유인력함수 모형 − 사회물리학(Social Physics)의 공간 잠재력 모형(Potential Model)
관점의 비교	− 기능의 공급 측면이 강조됨	− 기능에 대한 수요 측면이 강조됨
	− 중심지 체계의 정적인 측면	− 동적인 상호작용의 측면
	− 중심지 내부에서 주변지역으로 미치는 영향에 주목	− 외부지역에서 중심지로 미치는 영향에 주목
	− 중심지 내부의 패턴과 기능구조에 관심	− 중심지 외부의 상호작용의 구조에 관심

　중심지이론 계통의 연구들은 기능 공급자의 측면에서 주로 고정된 중심지 패턴을 파악하는 데 중점을 두었고, 이에 중심지 간의 역동적인 상호작용관계 및 기능에 대한 수요의 분포를 파악하는 부분에는 설명이 부족하였다. 기능의 입지는 결국 공급과 수요가 활발한 상호작용을 하면서 나타나고, 이러한 결과로 중심지 체계가 생겨난다는 점에서 볼 때, 중심지이론 계통의 연구는 중심지가 체계를 이룬 후의 '정적인 상황'에 집중하고 있는 것으로 볼 수 있다. 이에 비해 소매인력 모형으로부터 출발한 상권인력이론 계통은 주로 중심지들의 '동적인 상호작용'을 다룬다는 점에서 분명한 관점의 차이가 있다. 또한 중심지이론 계통은 중심지들의 배치 패턴이나 중심지 내부의 기능구성 등 '기능 공급자'의 시각에서 접근한 반면, 상권인력이론 계통은 기능의 소비자, 즉 '기능수요자'에 관심을 두는 이론들로 볼 수 있다. 이렇게 볼 때, 이 두 가지 이론계통은 중심지가 형성되고 체계를 이루는 과정에 있어 각각의 관점에서 서로 다른 측면을 설명하면서 보완관계를 이룬다고도 할 수 있을 것이다.

● *이론적 관점과 관련한 연구의 진행 방향*

　이 연구의 진행방향과 앞서 소개한 두 이론계통과의 관계를 살펴보고자 한다. 우선 이 연구의 취지인 기능적 구성의 측면에서의 도심구조 파악을 위해서는 첫 번째 계열의 이론에서는 주로 중심성 측정 및 중심성지수 연구, 중심지 내부구조 및 중심지 경계설정에 관한 연구에 대한 내용에 초점을 두고, 이에 필요한 개념과 모형들을 주로 참고하기로 한다. 특히, 중심성을 측정하고 서열화하는 부분은 한 도시의 도심체계를 이해하기 위해 필수적인 부분이므로, 관련 이론과 연구들을 참고하여 서울시의 도심체계를 파악하는 데 적절한 중심성 측정법을 모색하고 이를 통해 중심성을 측정하고자 한다.

주로 중심지와 배후지역 간의 상호작용을 다룬 두 번째 이론계열은 이 연구 전반부에서 다룰 서울의 도심구조와의 직접적인 연결성은 약하나, 연구 후반부 도심의 영향력과 그 결과를 다루는 부분과 많은 연관을 가진다. 또한 사회물리학 연구의 잠재력 모형(Potential Model)과 관련된 부분은 도시지역의 상업적인 영향력 / 잠재력 분포를 파악하게 해 준다는 점에서 본 연구 후반부에서 수행하고자 하는 도심의 영향력 측정 부분과 많은 관련을 가진다.

본 연구에서는 이처럼 앞의 두 가지 이론적 관점을 바탕으로 하여, 서울이라는 거대 메트로폴리스 공간 내에서 도심은 어떤 체계로 존재하고 있으며, 또한 그 영향력은 어떤 특성을 가지고 있는가를 각 부분별 모형화에 의해서 파악해 보고자 한다. 이 과정에서 도심의 기능적 구조를 파악하고 이로 인한 중심성을 측정하는 부분에 있어서는 중심지이론 계통이, 또한 도심의 영향력을 측정하고 이로 인한 유입력을 측정하는 부분에 있어서는 상권인력이론 계통이 각각 이론적 관점 및 방법론을 제시해 줄 것으로 기대한다.

4. 도심 중심성 / 영향력 분석을 위한 기초

1) 기능고도화도(Functional Quality)의 개념

이 연구에서 주로 살펴보고자 하는 것은 서울 도심부의 기능구조상의 '중심성'과 그로 인한 '영향력' 및 그 변천과정상의 특징으로, 이를 파악하기 위해서는 먼저 도심부를 구성하는 개별 기능들의 영향력을 파악할 수 있어야 한다. 중심지는 공간적 영역이기에 앞서 본질적으로는 여러 개의 다른 기능들의 조합이기 때문이다. 특히, 서울의 도심부와 같이 종합적인 기능의 도심으로서 복잡 다양한 기능구조를 가진 도심부일수록 더욱 그러하다. 기능은 그 규모에 따라 다른 영향력을 가질뿐더러, 그 '고도화' 정도에 따라 서로 다른 영향력을 가지고 있다. 또한 Garner가 제시한 바와[53] 같이 고차위 중심지일수록 보다 다양한 수준의 기능을 포함하고 있으므로 그 구성 기능들 간의 고도화 정도의 차이는 크게 나타난다. 따라서 기능구조에 따른 영향력을 측정하기 위해서는 먼저 이처럼 기능들 간의 고도화 정도를 파악하고 비교할 수 있는 방법이 필요하다. 이를 위해 4절에서는 기능들의 고도화 정도를 측정하고 비교할 수 있는 방법을 도출하고자 한다.

(1) 기능고도화 정도에 대한 기존관점

중심지에 입지하는 기능들은 결국 이 중심지의 수요에 좌우되며,

---

53) 본 논문 pp.65 – 67 참고.

이에 따라 보다 많은 수요를 가지는 고차위 중심지에서 출현하는 이른바 '고도화'된 기능이 있는가 하면, 그 고도화 정도가 매우 낮아 일반적인 근린상업지역과 같은 하위 중심지에서도 출현하는 기능들도 있다. 도심의 기능구성의 차이를 고려하여 그 위계를 파악한다고 할 때, 서로 다른 기능구성을 가지는 도심들을 비교하기 위해서는 먼저 각 기능의 고도화 정도의 차이를 구분하고 측정할 필요가 있다.

이 연구에서는 이처럼 한 기능이 보다 많은 수요 범위를 가지고 있어 위계가 높은 중심지일수록 그 기능이 출현할 확률이 높아지는 경우 이를 '기능고도화도(Functional Quality)'가 높은 기능으로 정의하고자 하며, 이를 각 기능별로 비교할 수 있도록 수치로 측정하는 모형을 제시하고자 한다. Berry 계통의 연구에서 어떤 기능은 보다 높은 차원의 중심지에서 나타나게 되는 성향을 가지고 있음에 주목하였으며, 이러한 성향을 가지는 기능들은 보다 '품격화(qualified)'[54]된 기능이라고 보았다.[55] 그러나, 이러한 기능의 품격화된 정도를 나타낼 수 있는 구체적인 방법에 대한 언급은 없었으며, 다만 기능별로 고유하게 나타나는 기능별 최소시장규모(threshold)를 통해서 기능의 품격화 정도를 파악하고자 하였다.[56]

그러나 최소시장규모, 즉 threshold가 대도시 기능의 품격화를 대표할 수 있는가 하는 부분에는 의문이 있을 수 있다. 앞서 1절에서 살펴본 바와 같이 threshold에 의한 기능의 고도화 정도 구분은

---

54) '품격화(qualified)'의 개념은 본 연구에서 정의하는 고도화 정도와 일치하므로, 동일한 의미로 사용하기로 한다.

55) 본 논문 pp.39 − 40 참고.

56) Berry, B. J. L. & Garrison, William, L., 1958b.

기능들의 성격이나 특성의 차이가 크지 않다는 전제하에서 사용된 다분히 기능의 '양적인 측면'에 중점을 두는 방법으로 볼 수 있다. 또한 주로 미국의 지방도시와 그 주변지역 등, 그 기능이 세분화 되지 못한 낮은 위계의 중심지에서 적용한 방법[57]으로, 다음과 같 은 난점이 있다.

- 대도시에서 나타나는 다양한 기능들 중에는 그 고도화 정도와 관계없이 단지 수요상의 이유로 threshold가 큰 기능들이 분포 한다: 예를 들어, 대도시지역의 농업관련서비스업[58]은 기능의 고도화 정도와 관계없이 도시 내에서는 극소수만이 분포됨으 로 인해 높은 threshold를 가진다.
- 기능의 threshold 분포는 지역의 특성에 따라 다르게 나타날 수 있다: 예를 들어, 동일한 업종의 소매기능이라 할지라도 사회인구학적 특성 때문에 농업지역과 도시지역에서 현저히 다른 threshold 분포를 보일 수 있다.
- 동일한 기능일지라도 중심지의 규모에 따라 나타나는 threshold 가 달라지는 경우가 있다.

어떤 기능이 고도화된 정도는 지역의 여건과 시간의 흐름에 따라 변할 수 있는 복합적인 지표이므로, 특정지역에서 한 시점의

---

57) 실제로, Berry의 연구에 등장한 모든 기능의 수는 총 52개에 불과하였으며, 이들 기 능은 모두 지방도시에서도 나타나는 일반적인 도소매업 및 서비스업종뿐이었다.

58) 실례로, 2000년 한국 내 39개 도시를 대상으로 92개 기능(p.76 참고)의 분포경향을 조사한 결과, 농림업 및 관련 서비스업의 threshold는 전체 92개 기능 중 2순위로 나 타나고 있다. 이는 기능의 품격화 정도와는 무관하게, 도시 내에서 그에 대한 수요가 매우 적기 때문인 것으로 볼 수 있다.

threshold 분포로 측정하기는 어렵다. 따라서 기능의 고도화 정도를 측정하기 위해서는 단순히 특정 규모 중심지에서의 기능별 시장규모인 threshold보다 더 나은 지표가 개발될 필요가 있다. 이 연구에서 제안하는 '기능 고도화도'가 해당 기능의 품격화 정도를 반영하는 지표가 되기 위해서는 이처럼 한 기능이 어떤 중심지에서 나타내는 시장범위의 차원을 넘어, 여러 규모의 중심지에서 해당 기능이 출현하게 되는 경향에 대한 고찰을 바탕으로 할 필요가 있다. 이를 위해서, 다음으로는 중심지 규모에 따른 기능 공급의 변화 경향에 대해 먼저 고찰해 보기로 한다.

(2) 중심지 규모에 따른 기능공급의 변화 경향

• *기능공급의 증가 패턴에 대한 고찰*

한 기능의 고도화 정도를 '보다 높은 위계의 중심지에서 그 기능이 출현할 가능성'으로 보기로 할 때, 이는 단지 하나의 중심지에 대한 분석에서 구할 수 있는 것이 아니므로, 기능의 특성과 분포에 영향을 주는 여러 위계의 모든 중심지를 대상으로 분석할 필요가 있다. 즉 서울의 기능적 구성을 연구하기 위해서는 한국 내에 존재하는 규모가 다른 여러 중심지 모두에서 나타나는 기능의 빈도까지 고려되어야 한다는 것이다. 이를 위해서는 먼저 여러 중심지들의 규모가 측정될 필요가 있는데, 여기서 개별 중심지들의 규모는 해당 중심지가 입지하는 도시의 규모와 비례한다고 가정하기로 한다. 규모가 큰 도시일수록 그 도시는 큰 규모의 중심지 자체이거나, 혹은 큰 중심지를 보유하게 되기 때문이다. 이에서 착안

해 볼 때, 결국 고도화된 기능은 보다 큰 규모의 도시에서 발생할 확률이 높아지기 때문에 도시의 중심지 규모와 해당 기능 출현수의 관계를 분석함으로써 각 기능의 고도화된 정도를 판단할 수 있는 것으로 볼 수 있다.

도시의 인구 규모 – 해당 기능의 출현수 관계를 분석하기에 앞서, 중심지의 규모와 기능들의 총수에 대한 일반적인 관계를 먼저 고찰하기로 한다. 일반적으로 중심지 규모 증가에 따른 기능수 증가는 아래와 같은 감쇄 패턴을 보이는 것으로 알려졌다.[59]

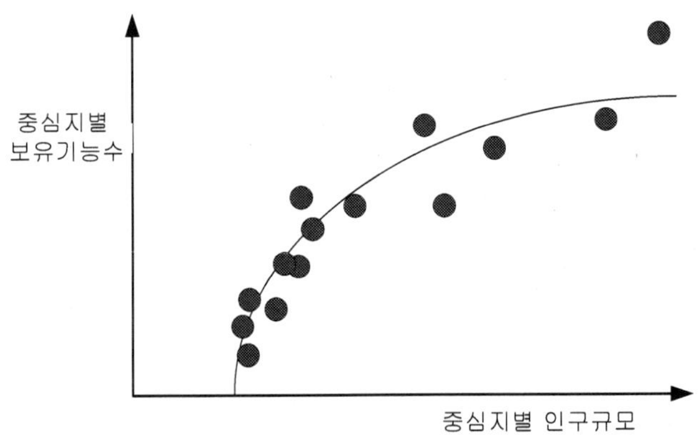

▌그림 2-17▌ 중심지의 규모 증가에 따른 공급 기능수의 증가 패턴

이러한 규모 – 기능수의 증가율이 감쇄하는 이유는 다음의 수요 / 공급 – 가격 / 비용곡선에서 설명될[60] 수 있다.

---

59) 이희연, *경제지리학*, 법문사: 서울, 1988, pp.441 – 442.

60) Parr, John, B. & Denike, Kenneth, G., Theoretical Problems in Central Place Analysis, *Economic Geography*, Vol.46: No.2, Apr., 1970, pp.579 – 580.

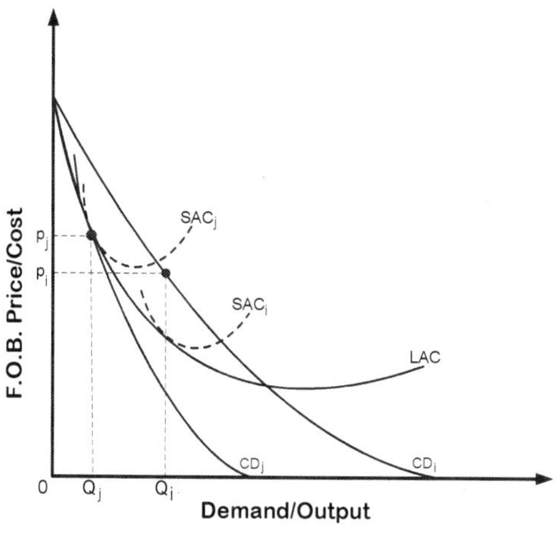

‖그림 2-18‖ 가상 중심지의 공급 / 장단기비용 곡선
(Parr & Denike, 1970, p.579)

위의 그래프에서는 2,000명의 수요인구가 있는 중심지에 이들을
대상으로 하는 기능이 출현하여 있다고 가정한다. 이때 이 중심지
에서의 수요곡선은 그림의 CD_j로 표시될 수 있으며, 이때의 LAC
는 장기적인 평균비용(Long-run Average Cost)을 나타내는 곡선이
다. 기능의 공급자는 OQ_j에 해당하는 양을 공급하기로 결정하고,
이에 따라 단기비용곡선인 SAC_j에 의하여 가격은 Op_j로 결정하여
기능을 유지한다고 가정한다.

이러한 상황에서 이 중심지의 수요인구가 4,000명으로 증가한다
고 가정하면, 이때 기능에 대한 수요는 두 배로 증가하고 공급곡
선은 우향 이동하여 CD_i에 이르게 된다. 이런 경우, 공급자는 다
시 보다 많은 이득을 위하여 새롭게 증가한 공급량인 OQ_i를 공급
하게 되고, 새로운 단기비용곡선 SAC_i에 의해 지정된 Op_i로 가격
변동도 이루어진다. 이때 규모의 경제를 누리게 된 해당 기능의

시장에 새로운 경쟁자가 참여하려면, 그는 SAC_i에 의해 결정된 가격을 동일하게 따르는 수 밖에 없고, 이러한 조건하에 경쟁자가 시장에 참여하면 그 둘은 동일한 조건으로 공급을 나누게 되어 다시 공급곡선은 CD_j로 귀환하게 된다. 그러나 이 경우에 SAC_i는 모든 지점에서 공급곡선보다 위에 있게 되므로 이들은 반드시 손해를 보기 시작한다. 이에 이들은 다시 SAC_j를 고려하여 그 규모를 줄일 수 밖에 없게 되고, 가격은 다시 Op_j로 돌아간다.

이러한 과정은 시장이 성장할 때 일반적으로 일어나는 상황으로, 이 과정이 반복적으로 일어날 경우, 최초의 기능 공급자는 규모를 늘리는 데 따르는 투자비용과 다른 경쟁자의 참여를 감안하여 시장의 규모 증가비율보다 낮은 수준의 규모 증가를 이루려는 경향을 보이게 된다. 또한 새로 참여할 경쟁자 또한 참여의 비용부담까지 고려하게 되어 그 참여 규모를 낮추려 할 것이다. 두 번째 시장 참여자는 이러한 점을 고려하여, CD_j가 SAC_i와 교차하거나 접하기를 바라게 되는데, 이를 위해서는 CD_i가 이 그림에서 제시된 것보다 LAC를 고려하여 더 오른쪽으로 이동해 있어야 한다. 이때 CD_i는 이 대상지의 인구 규모를 반영하는 것이므로, 결국 그 인구 규모는 사실상 4,000보다 더 높은 수치가 되어야 한다는 점을 의미한다. 그러므로 최초 인구의 두 배인 4,000명에서는 공급자가 두 명이 될 수 없으며, 결국 4,000명 이상의 인구에서 최초의 기능공급 참여자가 발생할 것이란 판단을 내릴 수 있다. 즉, 중심지의 대상 시장규모가 늘어난다 하여도, 기능 공급의 증가율은 감쇄하는 경향을 다분히 나타내게 될 것이다.

• *중심지 규모와 기능공급 간의 관계*

이처럼, 어떤 기능이 공급되는 중심지의 규모가 증가할 때 그 기능이 공급되는 전반적인 수는 감쇄하는 패턴을 보인다. 또한 각 기능별 특성에 따라 그 감쇄 정도는 모두 다르게 나타날 것이다. 기능의 품격화 내지 기능의 고도화 정도를 비교하고 측정하기 위해서는 기능별로 다르게 나타나는 '공급의 감쇄 경향'을 고려할 필요가 있다. 그러나 기존에 활용된 기능별 규모나 상권범위로서의 threshold에 의한 품격화 순위 판정으로는 각 기능과 중심지 규모에 따른 증가관계를 고려하지 못하므로, 중심지 규모와 기능증가의 상관관계를 보다 엄밀하게 고려하는 방법이 필요하다. 다음부분에서는 중심지 규모-기능공급 간의 관계를 고려하여 각 기능의 고도화 정도를 측정하는 방법을 고찰해 보기로 한다.

2) 기능고도화도의 측정방법

(1) 기능공급 감쇄곡선에 따른 기능고도화도 비교

• *감쇄곡선에서 비교가 가능한 경우*

다른 특성을 가진 두 기능 A와 B가 있어 중심지 규모에 따라 그 기능 증가 추세를 나타내는 그래프가 다음과 같다고 가정한다.

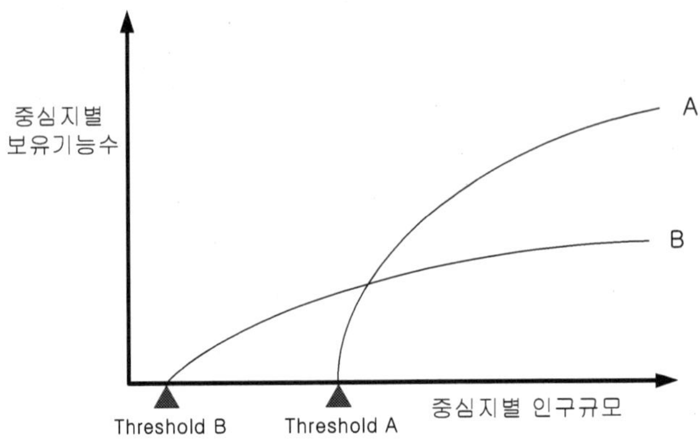

║**그림 2-19**║ 두 기능(A, B) 간의 중심지 규모별 증감비율 사례 1

그림에서 B기능은 낮은 위계의 도시에서도 출현하는 반면 중심지의 규모가 커지면서 그 감쇄 정도가 커지고 있으며, 이에 비해 A기능은 보다 큰 규모의 중심지에서부터 출현하기 시작하며 감쇄에 돌입하는 정도도 늦게 나타나, 상대적으로 큰 규모의 중심지에 출현할 확률이 높은 것으로 인정할 수 있다. 이런 경우 A기능이 B보다 고도화된 기능이라고 쉽게 판단이 가능하다. 이 경우는 그 기능의 고도화 정도가 그 threshold의 순위와 동일하게 나타나는 경우이며, 최고차위 중심지에서의 두 기능의 양적인 비교 내지 threshold의 비교로도 기능고도화 정도에 대한 판단이 가능하다.

• *감쇄곡선에서의 비교가 불가능한 경우*

그러나 실제로 나타나는 다양한 기능들은 그 규모와 증가경향에 있어 훨씬 다양한 경우를 나타내며, threshold 내지 기능의 양적인 비교로는 그 고도화 정도의 선후관계를 파악하기 어려운 경우가 발생한다.

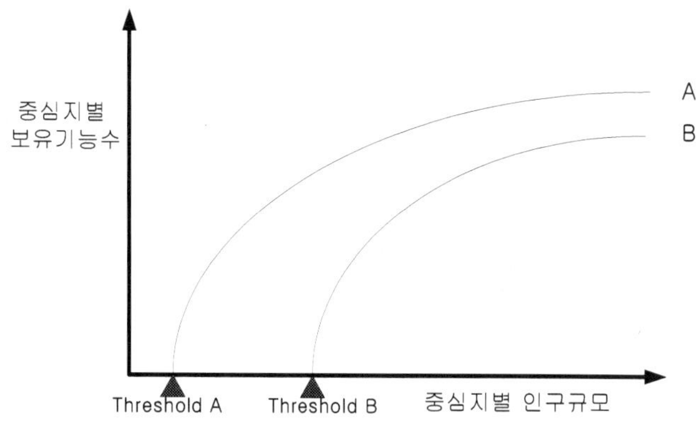

그림 2-20 두 기능 간의 중심지 규모별 증감비율 사례 2

위의 그림에서, 기능 B는 A보다 높은 threshold를 가지나, 최고 차위 중심지에서 나타나는 수에서는 A가 더 높게 나타난다. 따라서 threshold로 볼 때는 B가, 최고차 중심지의 기능분포 수로는 A가 더 유리하게 나타나, 두 기준에 있어서 고도화 정도가 서로 반대가 된다. 따라서 threshold를 통해서는 두 기능의 고도화 정도를 비교할 수 없게 되는데, 이는 중심지 규모에 따라 각 기능이 출현하게 되는 경향은 다양하며, 기능당 인구 규모나 최고 중심지에서의 기능 출현수만으로는 고도화 정도를 파악하기 어렵다는 점을 다시 한 번 확인해 준다. 이런 경향은 상업 및 업무와 관련된 각 기능이 더욱 더 다양해지고 복잡해지는 현대의 도심일수록 더욱더 두드러지게 될 것이다. 결국, 기능이 고도화된 정도를 비교하기 위해서는 단순히 한 중심지에서의 기능의 양적인 분포보다는 중심지의 규모에 따라 기능의 공급이 반응하는 정도를 측정할 수 있는 방법을 고안할 필요가 있는 것이다.

(2) 선형화를 통한 기능고도화도 측정

• 감쇄곡선의 선형화

이와 같이 양적인 측면의 비교를 통해서는 기능들의 고도화 정도를 비교할 수 없다고 볼 때, 그 대안으로는 각 기능이 고차의 중심지에서 출현하게 될 '확률의 비교'를 생각할 수 있다. 즉, 높은 위계의 중심지에서 더 높은 출현빈도를 보일수록 더 고도화된 기능이므로, 기능의 '상대적인 출현확률'을 고도화 정도의 기준으로 하고, 높은 위계의 중심지에서 나타나는 확률이 상대적으로 높은 기능에 대해 보다 높은 고도화 정도를 부여하는 것이다. 이러한 확률적 비교는 위와 같이 다양하게 나타나는 감쇄곡선그래프상에서는 판정이 불가능하나, 그래프가 만일 선형이라면 그 기울기 값이 정해지고 이에 따라 인구 규모에 대한 기능수의 반응 경향을 직접적으로 비교해 볼 수 있다. 일반적으로, 감쇄형태의 그래프는 X축에 해당하는 변수에 로그(log)를 취함으로써 선형(log - linear)으로 전환될 수 있다.

이처럼 중심지 규모 - 기능수 그래프가 선형으로 전환되면 선형그래

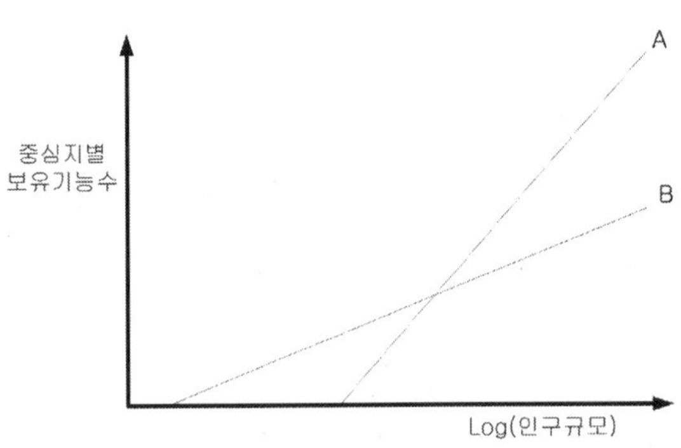

‖ **그림 2-21** ‖ 인구 규모에 log를 취하여 선형화한 그래프

프의 기울기가 곧 기능의 감쇄 정도를 나타내게 되므로, 이를 통해서 A와 B 기능의 고차 중심지에서의 출현확률을 나타낼 수 있게 된다. 즉, 기능의 고도화 정도는 이 두 직선의 기울기를 통해 관측이 가능해진다. 그래프의 시작 지점에 관계없이 그 기울기가 높을수록 보다 고차의 중심지에서 해당 기능이 출현하게 될 확률이 높아지는 것이다.

• *정규화를 통한 기능별 수적 차이 보정*

이처럼 그래프가 선형으로 변형된 후에도 바로 기능 고도화의 비교지표가 되지는 못하는데, 이는 각 기능별로 분포하는 수적인 특성이 틀리기 때문이다. 예를 들어, 소매기능 중 백화점과 근린상점이 다른 기능으로 분류되어 비교되는 경우, 그 두 기능은 그 고도화 정도와 관계없이 수적인 분포 자체가 큰 차이가 난다. 그 결과로, 보통 다수로 출현하는 소규모소매점이 도심에만 소수로 분포하는 백화점보다도 출현비율이 높게 측정될 수도 있다. 이러한 기능별 수적 분포 특성 차이에서 오는 난점을 보정하기 위해서는 각 기능별로 존재하는 총수의 차이를 정규화(standardize)하는 방법을 이용할 수 있다.

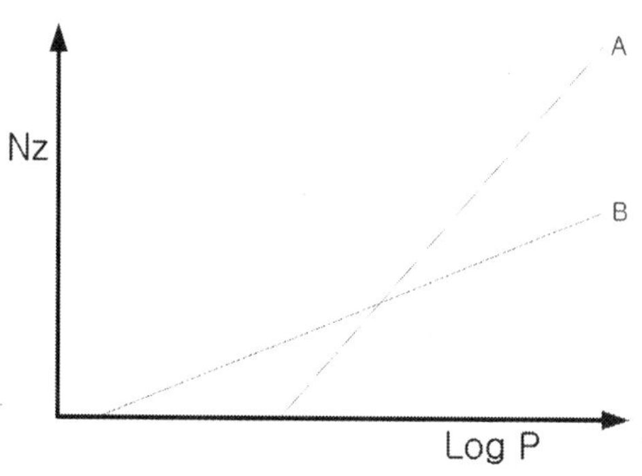

▎**그림 2-22**▎ 기능수가 정규화된 선형그래프

위의 그래프에서 N_z는 각 기능별 총계의 분포를 정규화한 수치이며, X축은 선형화를 위해 인구 규모에 취한 로그 값이 된다. 이렇게 양 축의 변환이 끝나면, 각 기능들은 그 전체적인 총분포수가 크고 작음에 관계없이 하나의 정규화된 틀에서 비교가 가능해지며, 그 기울기로서 그 기능의 고도화 정도, 곧 고차위 중심지에서 출현하게 될 확률에 비례하는 지표를 구할 수 있게 된다. 이때의 선형 수식은 다음과 같이 표현된다.

$$N_z = A + B \log P$$

A, B: 상수

예를 들어, i기능의 분포에 대하여 이 모형을 적용하였을 경우, 도출된 직선의 기울기를 가리키는 상수 B값을 B_i라 할 때, 이는 곧 i기능의 '기능고도화도(Functional Quality: FQ_i)'를 나타내는 비교지표로 볼 수 있다.

$$FQ_i = B_i$$

기울기 값 B는 기능의 수가 인구 규모에 비해 매우 작으므로 통상 1 이하의 값으로 나오게 된다. 이 연구에서는 위의 FQ값이 각 기능의 고도화 정도 내지 고차위 중심지에서 출현할 확률과 관계된다고 보아 이를 '기능고도화도(Functional Quality)' 값으로 정의하기로 한다.

제3장 서울 도시구조 분석을 위한 기본고찰

1. 중심지이론의 관점에서 본 서울의 도심구조 / 위계

1) 도심의 정의와 서울의 도심 특성

도시의 중심부, 즉 도심을 일컫는 표현은 여러 가지가 있을 수 있으나, 일반적으로 보다 넓은 배후지를 가지는 고차 기능이 집중된 중심지를 나타내는 의미라고 볼 때, 그 명칭의 대표적인 것들로는 'CBD(Central Business District, 중심업무지역)', 'City Center', 'City Core', 'City Nuclei' 등을 들 수 있다. 모두 도시에서의 중심지적 성격을 지니는 지역을 나타내는 표현이기는 하나, 그 의미하는 바는 조금씩 다른 측면들이 있다.

우선, 'CBD'는 그 표현에서 보듯이, 주로 업무 관련 오피스 기능들이 집적된 지역을 뜻하는 경향이 강하다. 도심은 업무기능 외에도 제조업이나 상업기능까지도 포함될 수 있으므로, 주로 업무기능 집적지로서의 도심 핵심부만을 가리킨다고도 볼 수 있다. 마찬가지로, 'Nuclei(핵)'이라는 표현은 또한 도시의 기능적 분화에 따른 각 기능별 중심지로서의 의미가 강하다. C. D. Harris와 E. Ullman의 'Multiple - Nuclei Structure(다핵구조)'에서 제시된 바와 같이, Nuclei 는 한 기능으로 특화된 비교적 소규모의 '기능별 중심지'를 의미한다.61) 여기서 제시된 모형에 의하면, 도시의 핵은 주요 업무기능 집적지인 CBD 외에도 상업 핵, 제조업 핵 등 각 기능별로 출현할 수 있으며, 이들 핵은 도시 내 / 외부에 걸쳐 분산되어 나타날 수도 있다. 이에 비해서, 'City Center' 내지 'City Core', 또는 'Central Area'62)라는 명칭은 보다 일반적이고 모호한 전체 도심 영역을 의미하는 경향이 강하다. 개별적인 기능의 중심을 가리키기보다는 업무, 상업 및 기타 여러 기능들을 포괄적으로 집적하고 있어 도시 전체에 있어 중심적인 지역으로 인식되는 비교적 넓은 영역을 의미한다.

이처럼 도심에 대한 명칭의 차이에서 나타나듯, 도심은 그 기능적 특성에 따라 다르게 구분될 수 있으며, 또한 해당 도시의 공간적, 사회적 여건에 따라 여러 양상으로 존재한다고 볼 수 있는데, 이는 각 도시의 여건에 따라 그 도심 기능의 집적 양상과 그 범위가 다르게 나타나기 때문이다. 이런 점에서 볼 때, CBD와 Nuclei 는 비교적 소규모 도시에서 발생하는 업무기능 위주의 도심을 가

---

61) David, L., *Economic Geography*, Prentice - Hill, 1983, pp.73.

62) 영국의 계획 관련 문헌에서 등장하는 용어로, 중심적 업무기능 외에도 이와 관련된 공업 및 주거지역까지 포함하여 계획 당국이 결정하는 일종의 '계획구역' 성격의 중심지를 가리킨다(전병혜, 2001, pp.7 - 8). 산업혁명 당시까지 도시지역 자체이던 이 구역은 도시 확장 후에는 '도심'의 역할로 전환되었으며, 우리나라의 '종로 / 중구도심'도 이와 유사한 사례의 도심지역으로 볼 수 있을 것이다.

리키는 데 적합하며, 그에 비해 대도시에서 출현하게 되는 종합적인 기능의 광범위한 도심지역은 City Center나 City Core로 일컫는 것이 적합할 것이다.

이러한 도심부는 한 도시 내에도 두 개 이상이 존재하는 경우도 있는데, 이를 이른바 '다중심구조(polycentric)'[63]의 도시라고 한다. 서울 역시 이에 속하는 도심 구조를 가진다고 볼 수 있으며, 중심적 기능이 집중되어 도심을 형성하는 지역이 두 개 이상 존재하고 있다. 즉, 서울은 여러 개의 City Center를 보유한 도시로 볼 수 있다. 이는 서울시의 도시기본계획상에서도 나타나는데 서울시가 계획상에 명시한 주요한 도심부는 모두 3개로서, 각각이 20㎢ 전후에 이르는 광범위한 지역들이다.[64] 따라서 서울은 여러 개의 city center를 가지고 있다고 보는 것이 적합하다고 판단되며, 이 연구에서도 종합적인 기능을 보유하는 광범위한 도심(City Center 내지 Central Area)으로서의 서울 도심지역을 연구의 대상으로 하기로 한다.

2) 서울의 도심구조 변천과정

(1) 서울의 현재 도심구조

도시는 공간적으로 확장하고 성장해 가면서 기능들이 집적된 중심부가 점차 형성되어 가며, 입지한 기능 특성과 그 집적 정도에

---

63) 여기서 다중심이란 기능핵(Nuclei)이 아닌, 종합적인 기능의 '도심(City Center, City Core)'이 단일 도시 내에 여러 개 존재하는 경우를 의미한다.

64) 서울시청, 2011 *서울시 도시기본계획*, 1999, p.79.

따라 중심부에서 주변부로 나뉘는 공간상의 기능분화 내지 위계분화가 나타나게 된다. 또한 도시에 인구가 증가하면서 그 영역이 확장하게 되면 단일한 지역에만 존재하던 중심지는 또 다른 지역에서도 발생하고 성장하여 이른바 '다중심(polycentric)' 도시가 탄생하기도 한다. 이처럼 확장하고 분화되어 가는 도시의 여러 중심지들과 그들이 가지는 위계적인 체계는 도시지리학의 주요한 이슈 중의 하나였으며, 도시의 중심부를 설정하고 그 공간적 위계를 파악하는 일은 도시 공간의 분석에 있어 중요한 연구과제 중의 하나였다.

서울의 경우는 그 역사적 공간적 특성으로 인해, 보다 복잡하고 정의하기 어려운 중심지 체계를 가지고 있다고 할 수 있다. 계속적인 확장과 인구집중으로 인해 여러 개의 부도심이 발생하거나 조성되었으며, 이러한 과정을 거치면서, 이른바 '1도심 – 4부도심'으로 일컫는 다중심적인 도심체계가 이루어졌다. 이들 5개의 도심권 중에서도 업무 및 상업기능에 있어 보다 중요하고 보다 밀집된 기능을 가지는 도심은 종로 / 중구에 걸친 전통적인 도심[65]과 강남 / 서초[66]에 걸치는 도심, 그리고 여의도 및 영등포지역의 도심[67] 등 3대 도심으로, 실제 서울은 이들 3대 도심이 각 생활권의 중심을 이루는 체계로 발전되어 왔다. 이 중 종로 / 중구도심은 조선시대 이후부터 전통적으로 서울의 중심을 형성해 온 도심으로, 서울이 3핵도심으로 도시구조 변경이 이루어지기 이전에는 단핵도시 서울의 유일 도심이었다. 그 후 서울의 확장 및 다핵화 도시로의 구상전환으로 인해

---

65) 앞으로는 '종로 / 중구도심'으로 일컫기로 함.

66) 앞으로는 '강남 / 서초도심'으로 일컫기로 함.

67) 앞으로는 '영등포도심'으로 일컫기로 함.

유일 도심으로서의 위상은 쇠퇴하였으나, '2011년 서울시 도시기본계획'에서도 여전히 제1 도심으로 설정되어 있는 등, 아직도 가장 위계가 높은 서울의 도심으로 인식되고 있다. 그러나 특화된 금융관련 업무지구가 조성된 영등포도심과 서울 동남부 확장계획에 따라 남서울의 중심으로 계획된 강남/서초도심의 성장이 급속하게 진행되면서 서울의 중심지 체계는 급속한 변화단계를 겪어 왔다.

이 중에서도 주목할 만한 부분은 강남/서초도심권의 성장이다. 강남/서초도심은 서울 영동지역 확장에 따라 탄생한 후 도심기능의 빠른 집중이 있어 왔고, 이 지역의 급속한 성장에 따라 그 역할 또한 증대되어 왔다. 이처럼 기존 도심 외에도 계획적으로 탄생한 후발 도심이 빠르게 성장하는 양상을 띠고 있어, 서울시의 공간구조는 과거에서 현재에 이르는 동안, 그리고 지금도 계속적인 변화의 과정을 지나고 있다는 판단을 가능하게 한다. 도심의 기능과 위계의 변화는 장기적으로는 도시 전체의 구조와 기능에도 지대한 영향을 주기 마련이며, 따라서 도시의 전반적인 공간정책은 이러한 변화 상황에 항상 기반하고 있을 필요가 있다. 그러므로 도심체계의 변화는 도시구조관련 연구에 있어 항상 주의 깊은 관찰대상으로 볼 수 있다.

(2) 서울 도심구조의 역사적 변천과정

서울이 수도로 지정된 것은 조선왕조가 창립(1394)된 직후부터이다. 이후 서울은 600여 년 간 한국의 수도로 유지되어 오면서 많은 확장과 변화를 겪게 된다. 서울에서 도심부가 정해지고 인식되기 시작한 정확한 시기는 알 수 없으나, 근대 이후 서울이 점차 확장되면서 과거 한양의 영역 전체가 '사대문안'으로 일컬어지고 이 지역이 점차 서울의 도심부로 인식되기 시작했다고 볼 수 있다.

'사대문안'은 당시 서울의 영역이던 성곽의 내부를 뜻하는 말로, 현재의 종로도심의 영역과 거의 일치하고 있으며, 현대적인 서울의 탄생 이후에도 상당기간 동안 서울의 유일한 도심부로 인식되어 왔다.

이처럼 단일한 도심부를 가지던 서울은 경제개발이 가속화되기 시작하던 1960년대 이후에 큰 도심구조상의 변화를 맞이하게 된다. 서울의 확장과 인구분산에 대한 필요성에 따라, 서울 남부 지역에 또 다른 도심이 계획되기에 이른 것이다. 1970년대 중반 이후 구체화되기 시작한 이른바 '3핵도시구상'은 기존 도심 외에도 동남부와 서남부에 각각의 도심을 계획함으로써 서울의 확장과 인구분산 및 도심기능 분산을 이루고자 한 정책이었다.[68]

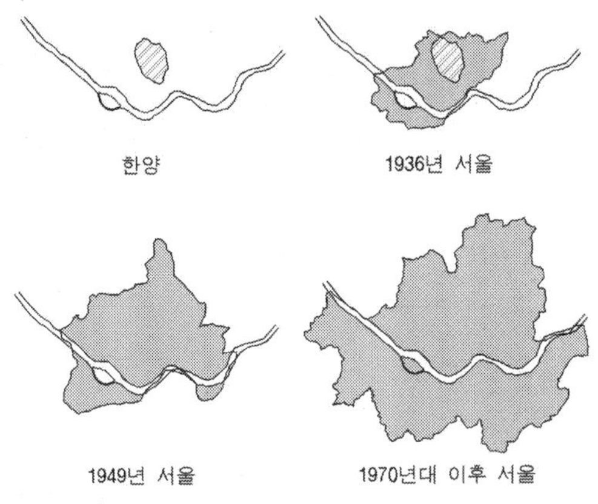

‖그림 3-1‖ 서울의 확장과정

---

68) 손정목, 강남개발의 전개3, *월간국토*, 1999, 1월호, pp.110-122.

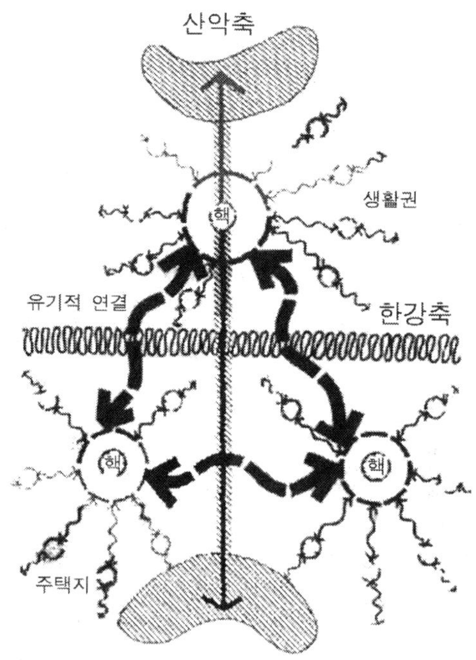

┃**그림 3-2**┃ 3핵도심체계의 개념도(손정목, 1999, p.113)

이에 따라, 먼저 1930년대부터 이미 확장이 이루어진 여의도-영등포 지역에서는 금융업무 기능이 중심이 되는 대규모 업무지구를 1970년대 중반부터 개발하였다. 또한 남서울 지역으로의 인구분산정책은 기존 도심에 입지하던 각종 공공시설과 사법관련기관 등 파급효과가 큰 도심 기능들을 대거 이곳으로 이전하게 만들었으며, 이에 따라 뒤늦게 형성된 이 지역의 도심부가 후에 급속히 성장할 수 있는 배경이 마련되었다. 이리하여 서울은 3개의 대도심을 가지면서 총면적이 600㎢가 넘는 다중심 도시로 성장하게 된다.

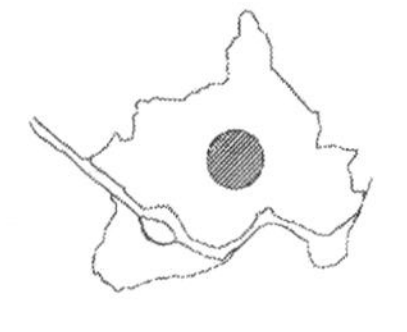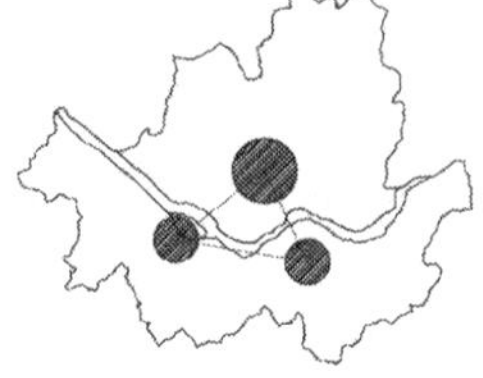

∥그림 3-3∥ 서울 도심체계의 변화과정

이후에 서울은 이 3도심 외에도 2개의 부도심 대상지역을 정책적으로 선정하여, 2011년도 도시기본계획상에서 제시된 바와 같은 '1도심-4부도심'의 체계를 지향하고 있다. 그러나 현실적인 위계상으로는 기존의 3도심이 기타 부도심들에 비해 높은 기능 집적을 보이고 있어 사실상 3도심 체계가 지속되고 있다고 볼 수 있다.

3) 서울의 중심지 유형: Berry 이론의 관점

(1) 일반적인 상업중심지 유형

이론탐구 부분에서 살펴본 바와 같이, Berry에 의한 상업중심지의 유형 분류와 위계 구분은 이론과 현실 공간에서 나타나는 중심지 체계를 살펴보는 틀을 마련해 줄 뿐 아니라, 오늘날 계획도시의 상업중심지를 배치하는 데 있어서도 참고가 되는 등, 실제 상업중심지와 관련된 연구에 많은 기여를 하고 있다. Berry가 구분한 'Nucleation (핵 형태)'로서의 상업중심지는 뚜렷한 위계적 성질을 가지면서 나타나는 일반적인 중심지 유형으로, 중심지이론에서 제안되는 중요한 개념 중 하나인 중심지의 '분절적인 위계성'을 잘 나타내는 유형으로 구분된다. 그러나 서울의 경우 공간적 맥락에 있어 연속적이고 밀집된 특성을 가지고 있어, Berry계통의 이론에서 인정하는 Nucleation으로서의 중심지 위계(Neighborhood, Community, Regional) 구분과 같이 분절적이고 뚜렷한 위계상의 구분이 나타날 것으로 보기는 어렵다.[69]

그러나 법으로 규정된 상업지역 유형인 '중심상업지역'과 '일반상업지역'을 살펴보면, 대체적으로 Berry의 유형구분 중 'Regional'과 'Community'의 위계와 각각 유사하게 규정되어 있어 우리나라 도시의 상업지역 위계 또한 Berry의 유형구분과 유사한 측면이 있음을 볼 수 있다. 또한 신도시들의 계획안을 보면 대부분 '대생활권', '중생활권', '소생활권', '근린생활권'으로 이어지는 4위계의 생활권으로 계획되고 이에 맞는 규모의 상업중심을 배치하는 방식으로 되어 있어, Berry의 상업중심 4위계와 거의 정확히 일치하는 계획이 이루어지고 있음을 알 수 있다.

표 3.1 4대 신도시에서 설정된 상업중심지 위계

신도시	상업중심 위계구분
분당	1 대생활권, 3 중생활권, 6 소생활권, 26 근린생활권
일산	1 대생활권, 2 중생활권, 9 소생활권, 21 근린생활권
산본	1 중생활권, 6 소생활권, 13 기초생활권
중동	1 대생활권, 4 중생활권, 7 소생활권, 14 근린생활권

---

69) 이창수, *서울시 상업지역의 계층구조와 유형분석에 관한 연구*, 서울대학교 공학박사, 1992, p.122.

위의 표에서 구분된 4개 생활권을 Berry의 위계구분과 연관 지어 보면, 대생활권 중심이 CBD에, 중생활권 중심이 Regional에, 소생활권 중심이 Community에, 근린생활권 중심이 Neighborhood에 대응하는 중심지 위계임을 알 수 있다.

(2) 기타 유형: Specialized Area, Ribbon

Berry가 제안한 상업중심지 유형 중 위계적 특성을 벗어나서 분포하는 상업중심의 유형으로는 'Specialized Areas(특화지역)'과 'Ribbons(선형상업지역)'이 있다. 이들 두 가지 형태의 상업중심지 유형은 한국의 도시에서도 거의 유사한 방식으로 나타나고 있다. Berry의 관찰과 마찬가지로 한국에서도 주로 가구와 자동차 및 관련제품, 대규모 의료서비스업 등이 도시 외곽의 주 간선도로 변에 특화지역의 형태로 분포하고 있는 것을 볼 수 있다.

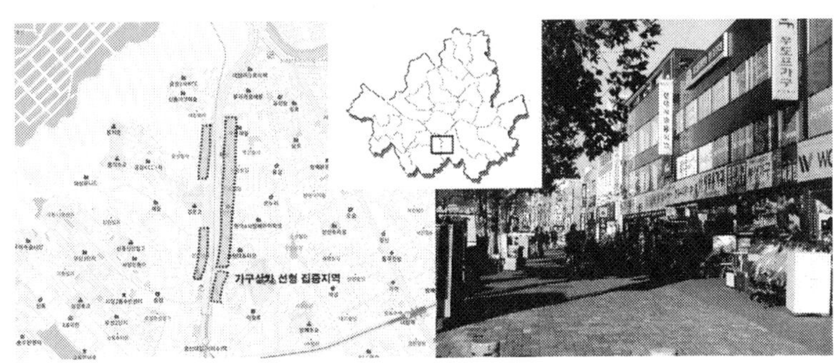

┃**그림 3-4**┃ 도시 외곽에 발달한 ribbon형 특화상업중심지 사례: 사당동 가구거리

우리나라의 특화지역 분포와 관련하여 가장 특이한 점은, Berry가 관찰한 미국의 사례와는 달리, 서울의 경우 도시 외곽이 아닌 전통

적인 도심지역 내에도 상당한 규모의 특화지역이 나타나고 있다는
점이다. 특히, 청계천 변의 철공관련업체(약 294개 업체 분포), 종로
34가의 의료기구 상가(약 67업체 분포), 종로34가의 보석 관련 상가
(약 521개의 상점 분포), 종로5가의 의약품 상가(약 76개 상점) 등은
도심지역 내에 존재하는 대표적인 특화지역 유형으로 볼 수 있다.[70]

이외에도, 서울에서 독특하게 형성된 상업지역의 유형으로는, 과
거 전통적인 재래시장지역에서 유래한 대규모 의류 및 잡화상업지
역(동대문시장, 남대문시장)이 있는데, 이러한 유형은 Berry의 유형
구분과는 무관하게 서울의 독특한 역사적, 공간적 맥락에 기인하
여 나타난 유형으로 볼 수 있다. 결국 서울의 경우 상업중심지의
전반적인 위계구분은 Berry의 이론에서 제시된 바와 상당부분 일
치하고 있으나, 서울의 독특한 도시 공간 형성과정으로 인해 구분
이 어려운 독특한 형태의 상업중심 유형 역시 다수 존재하고 있는
것으로 생각할 수 있다.[71]

│ **그림 3-5** │ 종로 / 중구지역 내 대규모 의류잡화상업지역 및 특화지역
(철공관련업) 분포사례(Kim, 2001, p.239)

---

70) 한국정보시스템(KTD)에서 발행된 '2004년 사업체 CD번호부'에서 검색된 업체수를
기준으로 하였다.

71) Kim, Juil, A Study on the Reformation of the Traditional Clothing Markets in Seoul,
Journal of Korean Planners Association, Vol.36: No.2, pp.235-256.

4) 서울의 도심체계에 대한 기존 연구들

(1) 기존 연구들의 연구방법 및 관점

• 서울 도심체계에 대한 기존 연구흐름

서울의 도심체계를 다룬 기존의 연구를 살펴보면, 주로 1990년대 중반 이전까지의 경향을 위주로 하여 부도심의 발생과 관련한 연구들이 많았으며, 주로 서울의 부도심부를 식별해 내고 그 세력을 측정하는 데 관심을 둔 것을 알 수 있다.[72] 즉, 제1도심으로서의 종로/중구도심을 제외한 여타 도심지역이 가지는 활성화의 정도를 파악하는 데 주안점을 두고 있다. 이를 위해 부도심으로 생각되는 지역들을 선정하고, 이들의 세력권을 선정된 변수 내지 지표를 통해 측정하고 비교하여 그 순위를 파악하는 데 주안점을 두고 있다. 이러한 방법론에 있어서 난점은 두 가지로 요약될 수 있다.

우선, 대상으로 하는 부도심의 영역 설정에 대한 부분이다. 도심/부도심은 다분히 관습적인 영역으로, 그 경계는 분명히 구분되지 않기 마련이다. 기존 연구들에서는 부도심 식별을 위해 각각의 행정구역상의 '동'을 그 기준으로 하고 있는 경우가 많았다.[73] 그러나 도심의 중심지 내지 상권은 행정구역상의 경계에 의해 구분되지 않으며, 때로는 행정동뿐 아니라 행정구의 경계를 뛰어넘는 연속적인 상권이 나타나는 경우도 있다. 따라서 행정구역의 경계와

---

72) 전명진, 서울시 도심 및 부도심의 성장과 쇠퇴: 1981–1991년간의 변화를 중심으로, *국토계획*, 제31권 2호, 1996. pp.33–45.

73) 이에 해당하는 연구 사례들: 하성규, 김재익, 전명진, 대도시 공간구조 변화패턴에 관한 연구, *국토계획*, 제30권 5호, 1995, pp.141–152.; 전명진, 1996.

부도심 영역을 동일시하는 것은 이처럼 행정구역과 무관하게 연속적인 상권을 이루는 도심체계의 특성을 반영하지 못할 수 있다는 점을 의미한다. 또한 넓게 분포하는 한 부도심부를 그 행정구역 단위로 나누는 경우 그 세력이 실제와는 달리 과소평가되는 문제가 나타날 수도 있다. 한편, 기존 연구들에서는 종로/중구 지역은 제1도심부로 인정하고, 이를 제외한 여타 지역만을 분석대상으로 삼는 경향이 있다. 그러나 도심과 부도심은 다분히 명목상의 구분으로, 실질적인 중심지의 영향력 분포를 파악하려면 서울 내에 존재하는 모든 중심지들을 그 대상으로 할 필요도 있다고 판단된다.

두 번째의 난점은 도심의 세력측정을 위해 사용한 변수들의 적절성에 대한 문제이다. 기존 연구들에서 부도심권의 세력측정을 위해 사용한 지표들은 주로 유발되는 교통량과 관련된 변수[74]들이 가장 많이 활용되어 왔다. 그러나 한 도심의 영향력은 해당 지역 내에 도심 기능들이 얼마나 집약적으로 입지하고 있는가에 달려 있으며, 교통량과 관련된 변수는 그러한 기능의 집적으로 인해 나타나는 2차적인 변수로 봐야 할 것이다. 따라서 도심을 구성하는 각 기능에 따라 서로 교통 유발량이 다른 가운데, 단지 전체적인 교통량만을 비교하는 것은 해당 도심부가 가지는 기능적인 특성을 반영하지 못하는 결과를 가져올 수도 있다. 더욱이 정보통신에 의한 업무처리가 증가함에 따라 점차 직접적인 교통의 중요성이 줄어들고 있어, 고차 서비스기능들이 오히려 일반 도소매기능보다 교통 유발량이 작게 나타나고 있는 추세를 고려하면 더욱 그러하다.

---

74) 이에 해당하는 연구 사례들: 전명진, 1996.; 전명진, 다핵도시공간구조하에서의 통근행태, *국토계획*, 제31권 2호, 1995a, pp.223 – 236.

• *기존 연구들의 관점 요약*

중심지이론 계통의 연구들에서, 중심지 체계를 파악한다는 것은 다음과 같은 세 가지 측면으로 요약될 수 있다.

1) 중심지들의 입지 패턴 및 그 구조 파악
2) 중심지들의 각 위계별 포섭관계(nesting) 파악
3) 중심지들의 기능적 구조 및 이에 따른 영향력 파악

서울의 도심체계를 파악하는 기존 연구들은 이 세 가지 관점 중에서도 주로 두 번째의 관점에서 이루어진 연구들이 많았다.[75]

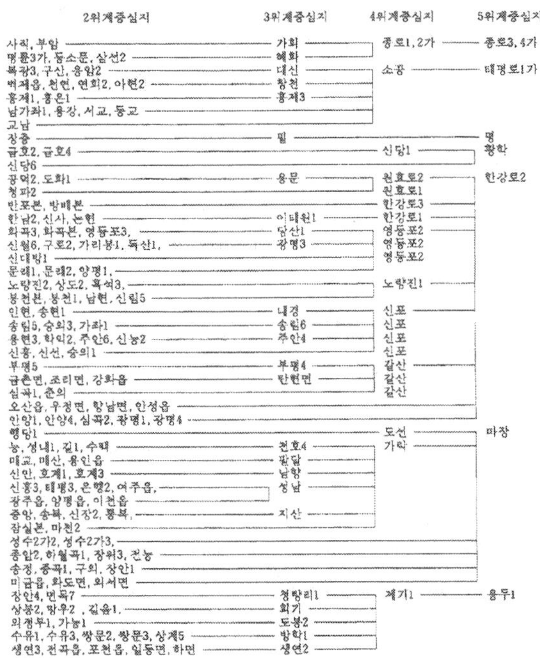

║그림 3-6║ 서울 동별 위계에 따른 포섭관계 사례 1
(최영명, 1993, p.73)

---

75) 최영명, *소매기능의 중심지 체계 분석 및 기능공급규모에 관한 연구*, 서울대학교 공학박사, 1993.

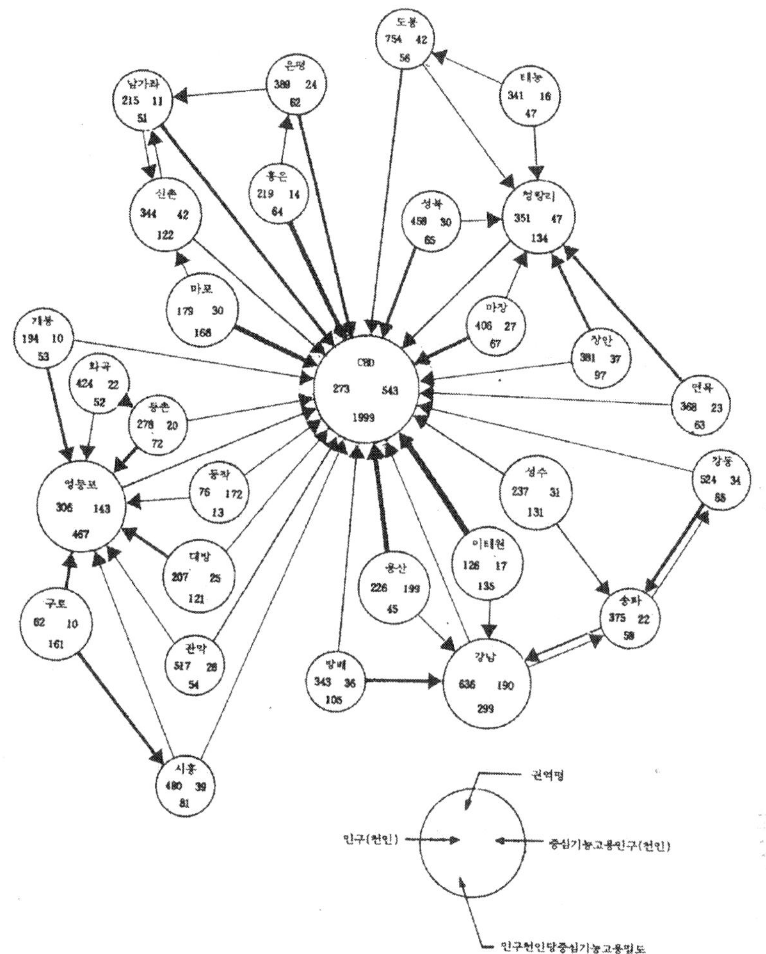

그림 3-7 서울 동별 위계에 따른 포섭관계 사례 2(이창수, 1992, p.78)

이들 연구들은[76] 공통적으로 서울의 개별 동 중에서 그 영향력이 높은 동들을 위계별로 파악하고, 이들이 가지는 상호 간의 포

---

76) 이창수, *서울시 상업지역의 계층구조와 유형분석에 관한 연구*, 서울대학교 공학박사, 1992.

섭관계를 파악하는 데 중점을 두고 있다. 또한 이러한 포섭관계를 파악하는 과정 역시 공통적으로 다음의 단계를 따르고 있다.

- 서울의 기본 지역단위(주로 동)로 선정된 중심성 지표를 적용하여, 그 영향력의 순위를 파악
- 영향력이 높은 동과 지리적 연결 관계에 있는 차순위 영향력의 동들은 해당 상위 동에 기능적으로 포섭된 것으로 인정
- 이러한 연결 관계를 통해 중심성의 공간상 패턴에 대해 고찰

이 과정에서, 중심지에 포섭되는 배후지의 판별은 실질적인 기능적인 연결 관계가 아닌 지리적인 근접 정도에 의해서만 판단되고 있는 부분은 새로운 검토가 필요한 것으로 생각된다. 실제로는 지리적으로 근접하지 않아도 기능적으로는 상당한 연계가 이루어지는 동들이 있는가 하면, 그 반대의 경우도 충분히 있을 수 있으므로, 단순히 근접해 있다는 이유만으로 동 간의 기능적인 포섭관계가 일어나는 것으로 확정하는 것은 무리가 있기 때문이다. 또한 서울의 공간구조 특성이 이러한 포섭관계를 통해 파악되기에 적합한가에 대해서도 다시 검토해 볼 필요가 있다. 서구도시의 공간구조와는 달리, 중심지와 배후지가 하나의 독립적인 군집을 이루기보다는 연속적이고 복합적인 형태로 분포하는 서울의 공간구조 특성을 이러한 지리적 근접에 의한 포섭관계로만 설명하기에는 난점이 있을 수 밖에 없기 때문이다.

(2) 기존 연구들과 비교한 연구 진행방향

● *기존 도심체계 관련 연구의 난점: 불분명한 포섭관계*

서울의 도심체계에 대한 기존 연구가 각 동들 간의 지리적 인접에 의한 '포섭관계'를 밝히는 것에 주안점을 둔 반면, 서울의 공간적 구조는 이러한 중심지 – 배후지 간의 포섭관계가 명확하게 나타나기 어려운 맥락에 있다는 점을 먼저 지적할 수 있다. 이는 곧, 기존 중심지이론에서 쓰인 '포섭의 원리' 개념으로 서울 도심체계를 설명하는 것에는 난점이 많다는 점을 의미한다. 이론 탐구에서 파악하였듯이 '포섭의 원리(nested principle)'는 조방적이고 농촌적인 토지 이용을 가정한 Christaller의 연구에서 출발한 개념이다. 밀도가 비교적 낮고 조방적인 토지 이용에 있어서는 각 중심지와 배후지들이 불연속적으로 분포하므로, 중심지는 인접한 일련의 배후지들과 하나의 군집(clustering) 관계를 이루게 된다. 따라서 하나의 배후지는 기본적으로 하나의 주된 중심지와 군집을 이루고, 이에 그 부족한 중심적 기능을 해당 중심지에서 찾게 되므로 중심지들이 포섭하는 배후지의 범위가 명확히 드러나게 된다. 이처럼 중심지 – 배후지 간의 엄격한 포섭의 원리가 나타나는 공간적 맥락은 다음의 두 가지 조건을 만족하는 경우로 볼 수 있다.

- 중심지 간의 분포 간격이 크고 조방적인 토지 이용체계
- 이동체계상의 결절점을 중심으로 중심지와 배후지들이 독립적인 하나의 군집을 이루는 경우

그러나 서울의 토지 이용체계 및 공간적 맥락은 위의 경우와 완전히 다른 유형으로 볼 수 있다. 특히, 기존 연구에서 대상으로 삼은 서울의 522개의 행정동은 그 입지가 조밀하고 연속적으로 분포하고 있어, 중심지와 배후지로 구분된다 하더라도 그 독립적인 군집은 성립될 수 없다. 어떤 배후지가 어떤 중심지에 전적으로 포섭되어 있다고 보기 어려우며, 한 배후지는 서로 다른 중심지에 동시적으로 영향을 받고 있다고 보아야 할 것이다. 즉, 중심지와 배후지 성격을 가진 지역들이 각기 파악된다 하더라도, 이들이 일대 일의 대응관계로 영향을 주고받는다고 보기는 어렵다. 이렇게 보면 서울의 도심체계에는 중심지이론상의 '포섭관계'가 명확히 나타나지 않는 경향이 크며, 따라서 포섭관계의 개념으로 서울의 중심지 체계를 설명하는 것에는 난점이 많다고 볼 수 있을 것이다.[77]

• 기존 도심체계 관련 연구의 난점: 기능별로 달라지는 포섭관계

서울과 같은 대도시의 도심체계를 설정하는 데 있어서 또 한 가지 중요하게 고려되어야 할 부분은 각 중심지는 그 기능적 특성이 매우 다를 수 있다는 점이다. 일반적으로, Christaller와 Berry의 계통의 연구에서, 각 위계별 중심지는 그 기능적 구성에 있어서 '연속성(continuity)'을 가진다고 가정하고 있다. 이 가정에 의하면, 동일한 위계에 있는 중심지는 동일하거나 거의 유사한 기능구성을 가지게 된다. 그러나 Lösch의 수정 중심지이론이 지적하듯이, 실제의 대도시권역에서는 중심지의 위계가 다양하게 분포할 뿐 아니

---

77) 이창수는 서울의 도심 상업지 계층구조에 있어서, 중권역 중심지와 대권역 중심지 간의 접근비율이 낮다는 점에서 서울의 상업중심지는 명확한 포섭원리가 적용되지 않는다는 추정을 한 바 있다(이창수, 1992, p.75).

라, 중심지들의 기능구성도 많은 차이가 있을 수 있다. 즉, 중심지 간에도 위계상의 미묘한 차이가 있을 뿐 아니라, 그 기능 자체가 서로 다른 특성을 가지고 있기 때문에 중심지와 배후지의 관계는 단일한 포섭관계만으로 설명할 수 없게 된다는 것이다.

기능특성이 포섭관계에 미치는 영향의 중요성에 대해서는 Preston 이 수행한 Seattle과 그 주변지역의 중심체계에 대한 연구78)에서 잘 나타나고 있다. 특히, 공간구조상으로는 명확한 포섭관계가 잘 드 러난다 하더라도 중심지 간의 기능적인 차이에 따라 서로 다른 포 섭관계가 나타난다는 점을 잘 보여 주고 있다.

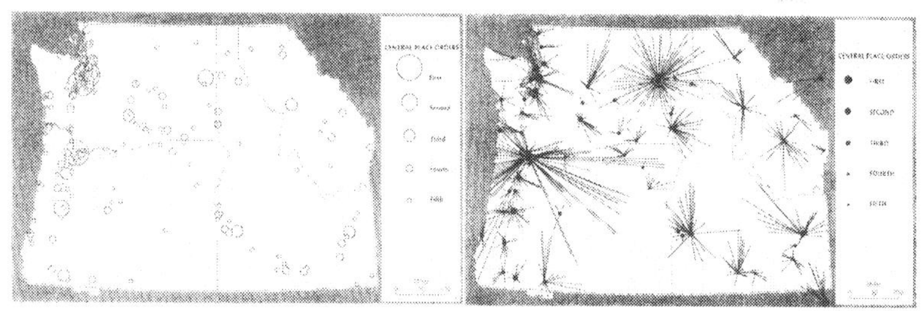

┃**그림 3-8**┃ Seattle 주변의 중심지 분포(좌)와 일간지 배달망에 근거한 포섭관계(우)

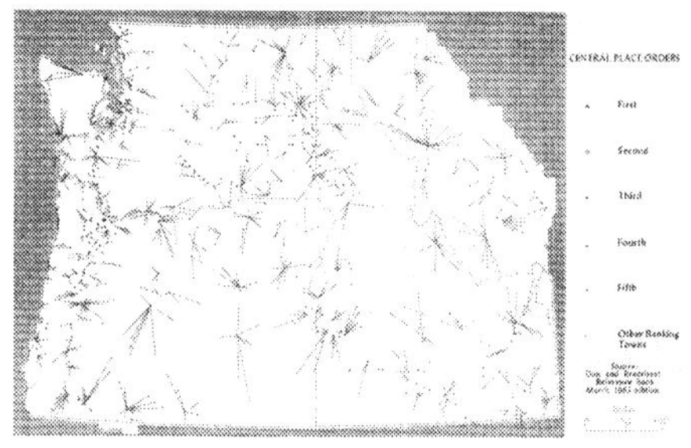

┃**그림 3-9**┃ 은행기능에 근거한 포섭관계

---

78) Preston, R. E., The Structure of Central Place System, *Economic Geography*, Vol.47: No.2, Apr., 1971, pp.136-155.

그는 Seattle과 주변지역을 대상으로 각 지역별 중심지의 위계를
파악한 후, 그 포섭관계를 알아내기 위해 은행과 일간지 배달의
두 가지 기능에 있어 발생하는 지역 간 연관관계를 조사하였다.
그 결과 은행기능과 신문배달기능 모두 분명한 포섭관계를 보여
주고는 있으나, 신문배달기능의 경우 보다 큰 중심지를 위주로 포
섭되는 경향이 큰 반면, 은행기능의 경우 중소규모의 중심지도 비
교적 큰 포섭력을 가지는 것으로 나타났다는 점이다. 즉, 은행기능
에서는 보다 소규모의 군집 위주로 포섭이 나타났고, 저차위 중심
지도 최종적인 중심지 역할을 하는 것으로 나타난 반면, 신문배달
기능의 경우 주로 고차위 중심지 위주로 포섭이 나타났으며, 이에
따라 전체적인 중심지의 체계도 은행기능과 신문배달 기능간에 완
전히 다르게 나타난 것이다.

이러한 결과로 볼 때, 실제 공간상의 중심지 체계에서 포섭관계
는 단일하게 나타나지 않으며, 오히려 각 기능별로 서로 다른 중심
지 위계와 포섭관계가 있어 복잡하게 중첩되고 있는 것으로 설명
하는 것이 더 타당하다는 점을 알 수 있다. 서울의 도심체계에서도
이러한 측면이 나타날 것으로 예상할 수 있으며, 이는 서울과 수도
권을 대상으로 한 다음의 연구[79)]에서 잘 나타나고 있다.

---

79) 경기개발연구원, *수도권의 지역구조 및 생활권 분석과 개편전략 연구*, 경기개발연구
    원, 2002.

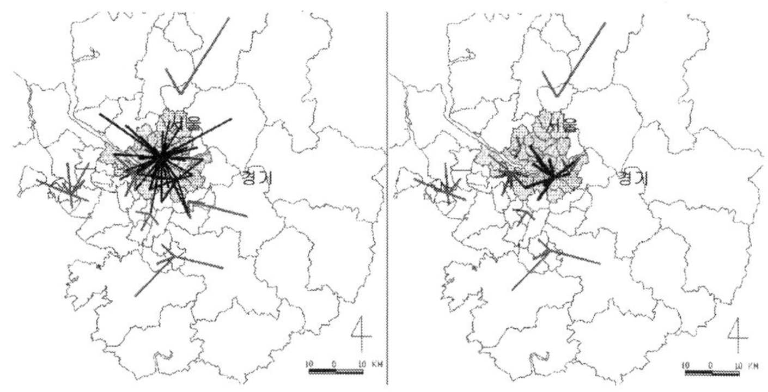

▌**그림 3-10**▐ 통근통행 관점에서의 수도권 연결체계(좌)와 여가통행 관점에서의
수도권 연결체계(우)(경기개발연구원, 2002, pp.65, 74, 재구성)

위의 그림은 서울 및 수도권에서 조사된 O-D 결과를 토대로
통행수요를 각 지역대별 요인분석에 의하여 그 부하량을 구한 후,
그 요인점수를 통해서 해당 통행목적에 있어서의 중심지를 파악한
것이다. 여기서도 위의 연구와 유사한 결과를 볼 수 있는데, 주로
업무와 관련된 통근통행의 경우 서울의 종로-중구-동대문[80] 지
역이 1순위의 핵심지역으로 판정되었으나, 여가 및 레크리에이션
목적의 통행에서는 강남지역의 1순위의 중심지로 판정되고 있다.

두 연구결과 모두에서 공통적으로 발견할 수 있는 부분은, 중심
지와 배후지의 포섭관계는 각 기능에 따라 완전히 다르게 나타날
수 있다는 점이다. 즉, 중심 기능이 무엇인가에 따라 포섭관계의
범위, 강도 등이 달라짐은 물론, 경우에 따라서는 중심지 위계 자
체도 다르게 나타난다는 것이다. 결국 현실의 대도시 도심에 있어
서, 단일한 연계관계에 의한 포섭원리는 기대할 수 없으며, 따라서

---

80) 이 연구에서는 강북의 도심지역은 3개구 전체(종로구, 중구, 동대문구)로 지나치게 넓
　　게 보았으며, 이에 따라 강북 도심의 통근통행 차원의 중심성이 과다하게 평가되었다
　　고도 볼 수 있다.

단일한 포섭체계로 대도시의 중심지 체계를 설명하는 것은 불가능하다고 판단할 수 있다.

　• *본 연구의 관점: 기능구성의 측면에서 본 서울의 중심지 체계*
　이상을 요약하면, 기존 연구는 주로 중심지이론의 입장에서 서울의 각 도심 위계와 이에 의한 포섭관계를 밝히는 작업이었으나, 서울의 공간구조 특성상 군집형태의 분명한 포섭관계가 나타날 수 없을뿐더러, 각 중심지의 기능구성 차이로 인해 포섭체계 자체도 단일하게 나타나지 않으므로, '지역 간의 포섭관계'의 관점으로는 서울의 도심체계를 판정하기는 어렵다는 것이다.

　이 점을 고려할 때, 고도화된 대도시의 도심체계를 연구함에 있어 먼저 고찰되어야 할 부분은 중심지의 위계판정이나 포섭관계의 파악보다는 각 도심을 이루는 기능군과 이들 기능군이 가지는 영향관계에 대한 것으로 볼 수 있다. 기능의 차이는 포섭관계를 바꿀뿐더러, 심지어는 중심지 자체를 달리하기도 하는 중요한 요소이므로, 도심체계를 파악함에 있어 기능구성에 대한 고려가 없는 경우 도심의 영향력을 만드는 실질적인 요소를 간과할 수 있는 것이다.

　이 연구의 관점은 이처럼 도심의 기능구성과 이에 따른 영향력의 차이를 고려하는 것에서 출발한다. 서울과 같이 기능적으로 조밀한 메트로폴리스는 연속적이고 중첩적인 생활권을 이루고 있어, 그 공간구조를 파악하기 위해서는 공간적인 기능구성관계와 기능의 입지성향을 파악할 필요가 있다. 이를 위해, 3장의 나머지 부분에서는 우선 앞서 파악된 서울 주요 도심부의 기능특성과 그 변화를 먼저 개략적으로 고찰해 보기로 한다. 다음으로는 도심의 기능적 차이를 분석하기 위한 기본적 지표로 제안된 '기능고도화도 (Functional Quality)'를 실제 기능들에 적용하여 이를 통해 서울 도심체계의 특징을 간략히 파악해 보고자 한다.

2. 서울 주요 도심지역 기능특성 변화과정

서울 도심체계의 기능적 구성 측면을 파악하기 위해서는, 먼저 서울의 도심체계에 대한 정의와 함께 그에 해당하는 지역을 확정할 필요가 있다. 이 절에서는 서울 도심체계의 시작점으로 볼 수 있는 3핵도심체계에서부터 출발하여 현재에 이르는 도심체계 변화과정에 대해서 실증적인 점검을 먼저 수행하기로 한다. 여기서 파악된 실질적인 도심지역을 그 대상으로 하여 이후 연구를 수행하고자 한다.

1) 주요 도심부의 영역 설정

(1) 동별 사업체수 / 종사자수 고찰

서울의 도심구조는 과거부터 자연적으로 형성된 기존 도심(종로/중구도심) 외에도 도시의 확장과 함께 정책적, 계획적으로 조성된 2개의 부도심(영등포도심, 강남/서초도심)을 가지는 체계로 출발하였다. 이른바 '3핵' 도심체계는 사실상 서울의 중요한 도심구조로서, 가장 최근의 서울시 도시기본계획(2011년 목표연도)에서도 모두 도심 내지 부도심으로 지정되어 있고 그 영향력에 있어 여타 지역에 비해 매우 중요한 중심지로 인정되고 있다. 도시기본계획에서 정의된 현재 서울의 도심체계는 이른바 '1도심-4부도심' 체계이나, 이는 향후 새로운 도심지역으로 성장시키고자 하는 2개의 중심지(용산, 왕십리·청량리)를 정책상의 목적에 따라 추가한 체계로서, 실제로 3핵도심부와 나머지 2개 부도심 간의 그 규모와 기능집적도, 영향력에 있어 상당한 위계 차이가 나타나고 있다.

실제로 도심으로서의 영향력과 관련된 주요한 통계(행정동별 업체수, 종사자수)를 비교해 보면, 기존의 3핵도심부와 기타 나머지 2개의 부도심 간에는 위계상으로 뚜렷하게 구분되는 차이가 드러나고 있다.

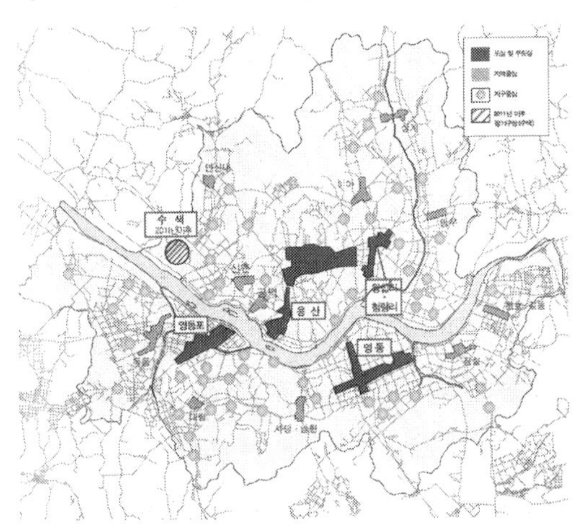

∥**그림 3-11**∥ 서울 도시기본계획(2011)상의 '1도심-4부도심'체계(서울시 도시기본계획 2011, p.79)

2002년도의 자료를 기준으로 이 수치들을 동별로 비교한 결과, 522개 행정동 구역 내에 있는 사업체수와 종사자수에 있어 그 상위 25개 동과 여타 동들 간의 격차가 상당히 뚜렷했다. 하위동들과 현격한 격차를 보인 이들 상위 25개 행정동의 분포를 볼 때, 그 대부분이 기존 3핵도심부에 해당하는 지역들에만 분포하고 있으며, 특히 2부도심에 해당하는 지역에서는 상위 25개 동 중 단 1개 동도 포함하지 못하고 있다. 2부도심에서 가장 순위가 높은 용산구의 한강로2동의 경우도 전체 순위에는 41위에 그치고 있을 뿐 아니라, 이는 종사자수 또한 25위인 종로56가동과는 무려 10,000명 이상의 차이를 보여주고 있다. 특히, 왕십리·청량리 부도심의 경우는 그 차이가 더욱 커서, 여기서 가장 높은 순위인 청량리1동도 전체 순위 163위에 그치고 있다.

상위 25개 동 중에서 3핵도심부에 포함되지 않는 지역은 금천구 가산동과 성동구 성수2가2동 뿐인데, 이들 2개 동은 주로 공업과 관련된 기능이 특화되어 밀집한 곳으로서, 도심적인 기능의 밀집지역은 아니라고 판단할 때, 실질적으로는 뚜렷이 구분되는 상위 25개 동 모두가 기존의 3핵도심부에만 분포하고 있다. 결국 정책적으로 지정된 명목상의 도심체계에도 불구하고, 기존의 3핵도심부가 다른 모든 지역보다 월등한 위계의 중심지로 나타나는 사실을 볼 때 서울은 여전히 3핵도심을 그 수위 중심지로 하는 도심구조를 가진다고 보아야 할 것이다.

(2) 도심부를 구성하는 주요 행정동 선정

도심부를 구성하는 행정동들을 추출하여 실제 서울의 도심의 영역을 판정하기 위해서는 먼저 이들 행정동이 가지는 도심으로서의 영향력을 적절히 판정할 수 있는 기준이 필요하다. 앞서 대략적인 도심기능 관련 지표들을 볼 때, 3핵도심부의 구성 동들과 기타 동들의 차이가 비교적 명백한 것으로 나타났으므로, 중심성을 나타내는 간단한 지표만으로도 도심부를 구성하는 동들을 추출해 낼 수 있을 것으로 기대한다.

• *지역 내 수요를 제외한 '순중심성' 개념*

서울의 각 지역이 도심부에 해당하는가를 판정하기에 앞서 고려되어야 할 점은 우선, 서울의 모든 도심부는 그 자체가 주거와 업무, 상업기능 등을 모두 포함하는 종합적인 기능지역이라는 것이다. 즉, 서울의 도심지역은 배후지역에 중심기능을 공급할 뿐 아니라, 그 자체가 기능수요까지를 포함하는 특성이 있다. 이런 점을 고려할 때 Johnson이 제시한 이른바 '순중심성(Centrality)'의 개념[81]은 서울의 도심권을 밝히는 데 유용할 수 있다.

순중심성이란, 어떤 중심지가 기능의 공급자일 뿐 아니라 자체적으로 기능수요까지를 포함할 경우, 중심지로서의 영향력은 자체적인 기능수요를 제외한 외부로 공급되는 기능으로만 판단되어야 한다는 개념이다. 즉, 지역이 가지고 있는 고용 및 상업기능 전체는 그 지역의 'Nodality'라고 칭하고, 여기서 지역 인구 자체에 의한 수요를 제외한 수치를 'Centrality'로 보아 이것이 높을 때 그 지역의 도심으로서의 영향력은 높게 평가된다는 것이다. 이처럼 해당 지역 내의 Nodality에서 지역 내의 일차적인 수요를 제외한 Centrality를 계산하기 위하여 다음과 같은 식을 작성하였다.

---

81) Johnson, Lane, J., Centrality within a Metropolis, *Economic Geography,* Vol.40: No.4, Oct., 1964, pp.324 – 336.

$$LocalDemand = E_u \times P_D$$

$$Centrality = Nodality - LocalDemand = E_t - E_u \times P_D$$

E_u: 서울시 전체의 인구 1인당 평균 고용수

P_D: 해당 행정동의 총인구

E_t: 해당 행정동의 총고용수

위의 식에서, Nodality는 서울 전체의 평균 고용수준으로 볼 때, 해당 지역의 인구 수준에 맞는 고용 규모를 의미한다. 서울지역의 인구와 고용의 비율은 약 2.6 대 1로 나타나므로, E_u의 값은 1/2.6이 된다(2004년 기준). 예를 들어, 관악구 신림8동의 경우 총인구 21,449인이며 총고용수는 8,522인인데, 서울시의 평균적인 인구 대 고용 비율로 볼 때 인구 21,449인 중에서 평균적으로 고용되는 고용수는 8,250인이다. 이들이 일차적으로 지역 내로 고용된다고 가정하면, 실제로 신림8동에서 남게 되는 고용수, 즉 순수 중심성으로 작용하게 되는 고용수는 278인이 된다. 따라서 신림8동의 외부지역에 대한 고용 중심으로서 영향력은 전체 고용수인 8,250이 아닌 278인에 비례한다고 볼 수 있다.

이러한 순수 중심성을 각 행정동별로 계산해 본 결과, 522개 행정동 중 134개에서만 양의 값을 나타냈다. 이들 행정동들은 자체적인 수요를 모두 수용하고도 남는 기능적인 여유가 발생하여 타 지역에 대한 영향력을 보유하고 있다고 볼 수 있다. 이 순수 중심성 값이 높게 분포할수록 중심지로서의 영향력이 커지며 높은 위계의 중심지로 판정할 수 있다.

특정한 지역이 도심부로 판별되기 위해서는 두 가지의 특성을 가지고 있어야 하는데, 우선 그 지역이 다른 지역과는 구분되는 높은 중심성을 가지고 있어야 하며, 또한 도심부로 구분될 지역들이 서로 지리적인 연결 관계를 가지면서 다른 지역과는 구별되어 집단화(grouping)되는 성질이 있어야 한다. 서울의 522개 행정동에서 도심부에 포함되는 동들을 파악하기 위해서는 도심으로서의 성질과 관련된 변수를 통해서 집단화되는 경향이 있는가를 파악해 볼 필요가 있는 것이다.

행정동들의 중심성에 있어 이처럼 집단화되어 구분되는 그룹이 나타나는가의 여부를 파악하기 위해서는 중심성 관련 변수를 군집분석하는 방법이 있다. 이에 522개 행정동의 동별 사업체수, 종사자수, Preston의 순수 중심성 값을 종합하여 군집분석을 수행하였으며, 이 과정에서 도심의 특성을 강하게 보유하고 있다고 판단되는 3개의 분명한 행정동 군집이 드러났다.

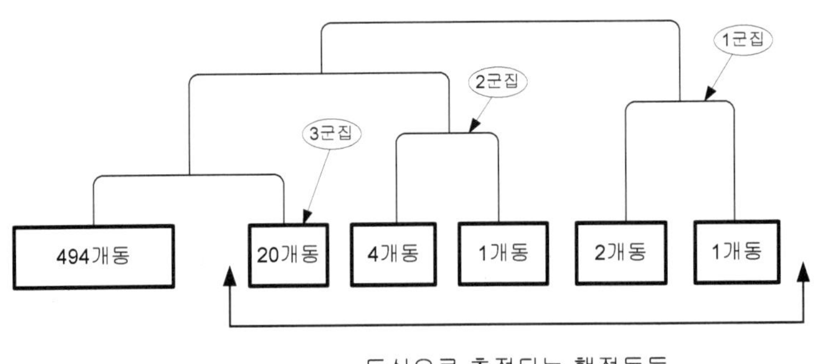

▌**그림 3-12**▌ 군집분석 단계와 군집화된 행정동의 수

군집이 추출되는 과정을 살펴보면, 몇 단계를 거치는 군집분석
에 있어서 1차로 구분된 군집은 우선 494개의 동과 보다 도심성
이 높은 것으로 보이는 28개의 동들이었다. 여기서 군집 구분의
단계가 높아지면서 28개 동 중 다시 20개, 5개, 3개가 점차 494개
일반 행정동의 군집으로 포함되어 갔다. 여기서 구분된 군집의 성
격을 살펴보면, 먼저, 1차로 구분된 494개의 동과 다른 28개의 동
은 그 도심성의 3가지 변수들에 있어 최상위권으로 뚜렷이 구분되
는 행정동들로 볼 수 있었다. 또한 군집의 단계를 높이면서 28개
동들은 차차 494개 행정동과 합하여 새로운 군집을 이루어 갔는
데, 이들 먼저 포함된 행정동들은 역시 28개 동들 중에서도 상대
적으로 도심성 변수의 분포가 더 낮은 동들이었다. 따라서 494개
행정동이 이루는 군집에 포함되는 순서가 결국 28개 도심을 이루
는 동들의 위계를 보여 준다고 볼 수 있다. 28개 행정동을 다시
그 군집화된 순서에 따라 각각 3군집, 2군집, 1군집이라 할 때 각
군집에 포함된 행정동은 다음과 같다.

표 3.2 도심을 이루는 군집과 그 구성 행정동들

군집1	종로1, 2, 3, 4가, 역삼1, 여의도
군집2	신당1, 을지로3, 4, 5가, 광희, 회현, 명
군집3	삼성2, 구로본, 논현1, 양재1, 영등포2 역삼2, 대치4, 종로5, 6가, 양재2, 성수2가2 필, 서초1, 서초2, 대치3, 가산, 사직, 논현2, 서초3, 삼성1, 소공

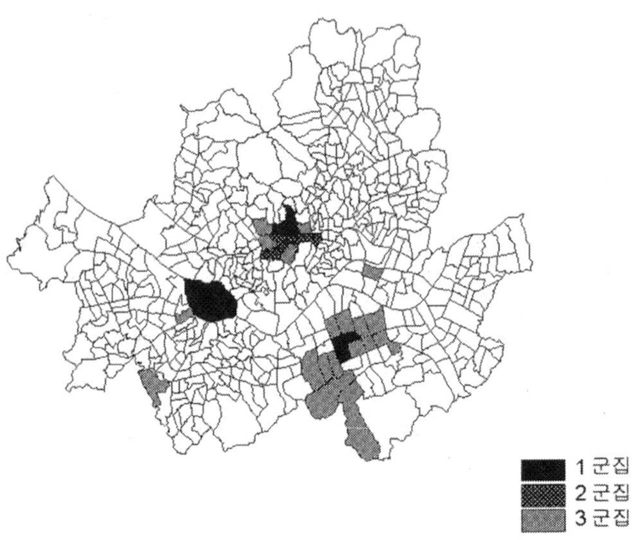

│그림 3-13│ 군집분석에 의한 도심 추정 행정동 위치

│그림 3-14│ 도심추정 행정동 내의 실제도심범위(용도지역상
상업지역)

　이를 고용수와 순수 중심성 값에 있어 가장 높은 분포를 가지는
군집의 순으로 각각 1, 2, 3군집으로 분류하였으며, 이때 3핵도심

에서 중심의 위치를 차지하는 지역이 각각 하나씩 1군집에 포함된 것은 주목할 만하다. 이는 앞서 서울의 도심체계 재편과정의 출발점이었던 3핵체계가 여전히 서울의 도심구조로 설명력을 가지고 있다는 것을 의미한다. 즉, 1개의 주 도심과 4개의 부도심이 존재한다고 보는 정책에서 규정된 도심체계와는 관계없이, 3개의 주된 도심이 거의 대등한 최상위의 위계를 형성하는 체계로 볼 수 있다.

결과적으로, 여전히 서울은 3핵도심이 월등히 높은 영향력을 가지는 도심체계를 가지고 있으므로, 이들 3핵도심부를 최상위 위계의 중심지로 하는 도시로 인식되는 것이 옳다고 판단된다. 이 연구에서 대상으로 삼는 도심 포함 대상지역도 이러한 판단을 기준으로 하여 진행하기로 한다.

(3) 최종 분석 대상 포함 지역

3핵도심부에 포함된 순위상, 군집분석상 상위권의 행정동들이 서울 도심구조의 가장 중심적인 위치에 있다고 보고, 이들을 위주로 하여 도심지역을 확정하기로 한다. 이를 위해서 먼저 서울시 도시기본계획상에 지정된 도심·부도심지역 중, 이들 군집 내에 포함되는 행정동들을 우선적으로 도심으로 분류하였으며, 이외에도 이들 미리 구분된 행정동들과 지리적 연속성을 가지면서 25순위 내에 존재하는 행정동들(양재1동, 양재2동) 역시 그 해당 도심지역에 포함하였다. 그러나 구로본동, 성수2가2동, 가산동의 경우, 3핵도심권과 지리적 연결이 없고 그 기능구성 역시 도심적 기능과 거리가 있다고 보아 제외하였다. 이에 확정된 25개 동은 다음과 같다.

표 3.3 각 구별 도심에 포함된 행정동들

영둥포구	여의도동, 영등포2동
종로 / 중구	광희동, 종로1, 2, 3, 4가동, 사직동, 신당1동, 을지로3, 4, 5가동, 필동, 종로56가동, 소공동, 회현동, 명동
강남 / 서초	서초1동, 서초2동, 서초3동, 삼성1동, 삼성2동, 대치3동, 대치4동, 역삼1동, 역삼2동, 양재1동, 양재2동, 논현1동, 논현2동

　　포함된 행정동의 상업지역들을 형태상으로 살펴보면, 종로 / 중구 지역과 영등포지역의 경우에는 전체 영역이 하나의 도심으로 볼 수 있는 '핵(nucleation)'의 형태를 띠고 있으나, 강남 / 서초도심의 경우 상업지역이 주로 테헤란로 – 서초로로 이어지는 동서축과 강남대로로 이루어진 남북축의 두 주요 선형축이 교차되는, 선형 내지 격자형 형태를 나타내고 있고 그 외곽의 주거지역과 인접하고 있다.

표 3.4 3핵도심지역 면적 및 형태

	종로 / 중구	강남 / 서초	영등포
면적 (중심 / 일반상업)	11.03㎢	9.24㎢	4.10㎢
도심 형태 및 특징	– 핵형 – 상업지역이　연속적으로 분포	– 선형 – 내부에 주거지역 포함	– 분리된 핵형 – 여의도 지역과 여타 지역 분리

그림 3–15 3핵도심의 대표적인 광경(왼쪽부터 종로2가, 여의도, 테헤란로)

2) 3대 도심 기능 분포 및 그 변화 과정

이 연구는 도심의 영향력을 구성하는 데 있어 그 기능구조상의 차이가 중요하게 반영되어야 한다는 관점이므로, 이를 위해서는 먼저 서울 주요 도심부가 과연 기능적 차이가 있는지, 그리고 그 차이는 어떻게 변했는지에 대해 먼저 파악해 볼 필요가 있다. 여기서는 앞서 파악된 서울의 주요 도심부, 즉 3핵도심부가 전반적으로 어떤 기능적인 구성을 가지고 있는지, 그리고 그 기능구조가 어떻게 바뀌어 왔는지를 파악하고자 한다. 이는 4장에서 이루어질 분석에 앞서 서울의 주요 도심부의 특성을 기본적인 지표를 통해 미리 살펴보는 의미를 가진다.

(1) 주요 도심 기능과 관련한 도심별 특화도

• *도심별 우세기능의 판단: 도심 대비/ 서울 전체 대비*

각 도심지역별로 어떤 업종 내지 기능이 특화되어 있는가, 또는 어떤 기능이 여타 도심들에 비해 우세를 점하고 있는가 하는 부분을 파악하기 위해서는 두 가지 기준이 있을 수 있다. 그 하나는 기능의 '상대적'으로 우세한 정도이고, 또 하나는 기능이 '절대적'으로 우세한 정도이다. 만약 어떤 기능이 해당 도심 내에서 차지하는 비중을 타 도심과 비교해 보고 이를 통해 그 기능의 도심별 우세 정도를 판정하고자 한다면, 이는 각 기능의 상대적인 비율을 기준으로 삼는 것이 된다. 반면, 각 기능의 도심 내에서의 상대적 비율이 아닌 절대적인 량을 통해서 우세의 정도를 파악하고자 한다면, 이는 각 도심에서 그 기능이 차지하는 절대량을 기준으로 하는 것이 된다. 어떤 기능이나 업종의 상대적인 특화 정도를 파악하는 대표적인 방법으로 'LQ(Location Quotient)'를 들 수 있으며, 이처럼 상대적인 비율을 통한 측정이 일반적으로 많이 활용되고 있다. 그러나 다중심 도시에서의 도심 간의 기능 비교는 상대적인 방법으로만 판단되기는 곤란한 점이 있다. 즉, 도심 간의 규모 차이가 이러한 상대적인 비교에서는 반영되기 어렵다는 점이다. 예를 들어, 두 도심 간의 규모 차이가 현격할 경우, 비록 상대적으로는 우세하지 않은 대도심의 기능이 실제로는 상대적으로 우세하게 나타난 소도심의 동일 기능보다도 도시 전체 차원에서는 훨씬 큰 비중을 가지고 있을 수 있다. 따라서 도시 내의 여러 도심부를 다루는 연구에서는 이 두 가지 측면을 동시에 고려해야 할 필요가 있다. 여기서는 각 도심의 기능의 우세 정도를 '도심 대비 특화도(상대적 비율)'와 '서울 전체 대비(전체 대비 비율)'의 두 가지 측면으로 구분하여 분석하고, 이를 마지막에 종합하기로 한다.

• *조사대상 업종 및 기능*

각 기능의 우세한 정도를 측정하기 위해서는 우선 도심기능에 대한 구분이 필요하다. 이 연구에서는 한국통계청에서 발간한 정부통계자료(통계청, 2003)를 바탕으로 3대 도심부에서 주요하게 집적되어 있는 기능들을 중분류상의 27개의 범주로 구분하였다. 그 기능구분은 다음과 같다.[82]

---

82) 각 기능들을 알파벳으로 기호화하기 위하여 한국산업분류코드 영문명을 기준으로 하였다.

Energetic Mining	(EI)	Whole Sale	(WC)
Metal Mining	(MI)	Retail Sale	(RC)
The Other Mining	(OI)	Lodging & Restaurants	(LC)
Food & Favorite Food	(FM)	Transportation & Travel	(TS)
Textiles & Leather Manufacture	(TM)	Communication Related	(CS)
Wooden Manufacture	(WM)	Financial Business	(FB)
Paper & Printing Related	(PM)	Insurance Business	(IB)
Petroleum Related Manufacture	(OM)	Real Estate Related	(RB)
Non Metal Mineral Industry	(MM)	Research, Lease Related Service	(LB)
Metal Related Industry	(EM)	Sanitary Related	(SS)
Machinery Manufacture & Assembling	(CM)	Public Service	(PS)
Electricity, Gas Related	(GI)	Culture & Entertainment Business	(CS)
Water Supply Related	(WI)	The Other Service Businesses	(OS)
Construction	(CI)		

활용한 자료는 1981년, 1986년, 1991년, 그리고 1994 – 2000년으로, 대규모 사업체통계조사가 이루어진 때에 작성된 자료이다. 또한 분석에서 주요하게 사용한 단위는 각 기능별 업체수 및 고용수이다. 각 기능은 다시 산업계열(*I), 제조업계열(*M), 상업계열(*C), 업무기능계열(*B), 서비스업계열(*S)로 구분하여 기호화하였다.

(2) 도심 대비 / 전체 대비 우세기능 판별

• 도심 대비 특화도(RSR)

각 도심의 기능별 상대적 특화 정도는 다음과 같이 3도심 전체의 각 업종별 고용비에 대한 개별 도심의 각 업종별 고용비를 통해 측정하였다. 각 기능에 대해 전체 도심지의 평균적인 고용 정도에 대한 특정 도심에서 고용된 비율을 통해서 해당 도심이 해당 기능에 대해 특화되어 있는 정도를 측정하고자 하였으며, 이를 '도심 대비 특화도' 또는 기능의 상대적인 특화 정도를 나타낸다는 측면에서 'RSR(Relative Specialization Rate)'이라고 칭하였다.

$$RSR = \frac{E_i^R}{E_T^R} \bigg/ \frac{E_i^A}{E_T^A}$$

E_i^R : R도심 내 i 업종의 고용수

E_T^R : R도심 내 전체 업종 총고용수

E_i^A : 3개 도심 전체 i 업종 고용수

E_T^A : 3개 도심 전체 총고용수

이처럼 상대적 특화도를 산정할 경우, 다른 도심들의 고용비에 비해 높은 비율을 보이는 기능은 1보다 큰 값을 나타내게 된다. 1 이상의 값을 보이는 우세기능들이 각 도심에서 어떻게 나타나는가를 통해 해당 도심의 기능적 특성과 그 변화과정을 대략적으로 파악할 수 있을 것이다.

• *전체 대비 특화도(ER)*

다음의 식은 전체 도시에서 해당 기능에 대해 해당 도심이 차지하는 비중을 간단하게 나타내고 있다. 이는 단순히 해당 기능이 분포하는 양적인 측면에서의 비율을 나타내는 것으로, 기능의 특화 정도에 있어 도심 대비 특화도를 보충하여 설명하는 의미를 가진다. 이는 '전체 대비 특화도' 또는 기능별로 해당 지역이 차지하는 고용상의 비율을 나타낸다는 의미에서 'ER(Employment Rate)'라 칭하기로 한다.

$$ER = E_i^R \Big/ E_i^S$$

E_i^R : R 도심 내 i 업종의 총고용수

E_i^S : 서울 전체의 i 업종 총고용수

(3) 도심기능변화 고찰: 도심 대비 특화도(RSR)

• *도심 대비 특화도(RSR)의 변화*

도심 간의 상대적인 기능 특화 정도의 비교를 통해 1981년 이후 2000년까지 각 도심별 우세한 기능의 변화를 살펴보면 다음과 같다.[83] 우선 종로/중구도심의 경우, 1980년대 초반에는 각종 업무기능 및 도소매상업기능(*C) 전반에서 강한 특화 정도를 보이는데, 이는 종로/중구도심이 당시까지 서울의 유일도심에 가까운 도심기능을 발휘했음을 보여 준다고 할 수 있다. 그러나 그 이후 상업기능 중에서 소매업종에서의 우세는 급격히 줄어들고 도매업의 우세만이 유지되는데, 이는 상업기능이 타 부도심지역이나 시 외곽으로 이전해 온 경향과 관계가 깊다고 볼 수 있다. 또한 지역 외곽부에 집중된 의류도매 등의 도매상업기능이 지금까지도 우세하게

---

83) RSR과 ER의 전체 값은 pp.255-257 <부록>을 참고.

자리 잡은 것은 도매 기능이 계속적으로 특화되어 온 이유로 추측
할 수 있을 것이다.

각종 업무 관련 기능 중에서는 '금융업(FB)'과 '보험업(IB)'이 1980
년대에 우세하게 분포한 것으로 나타나, 당시까지는 종로가 서울의
경제기능의 중심적 역할을 했음을 보여 준다. 그러나 금융업을 제외
한 기타 비즈니스 계열(*B)의 기능은 이후 급격히 약해진 반면, '종이
및 인쇄', '기계 제조 및 조립' 등 제조업계열(*M)이 1990년대 후반으
로 오면서 오히려 가장 우세한 기능들로 나타나고 있다. 한편, 점차
도심을 차지하는 핵심적인 서비스 관련 기능들(*B)에서도 타 도심에
비해 전반적으로 상대적인 열세를 나타내고 있다.

이상과 같이 종로 / 중구도심은, 일반적으로 도심적 기능으로 여
겨지는 비즈니스계열과 소매상업계열에서의 상대적인 우세도에서
는 쇠락해 온 반면, 고도화된 도심기능이라 보기 어려운 일부 제조
업 기능이나 도매기능 중심으로 그 우세기능이 변화해 가고 있어,
전반적으로 도심으로서의 기능 특성은 약해졌다고 볼 수 있다.

영등포도심은 초기에는 대부분 제조업계열(*M)의 기능에서 우세
를 보이고 있었으나, 1980년대 중반 이후부터 보험업 및 서비스계열
(*S)에서의 상대적인 우세도가 강화되기 시작한 것으로 나타나는데,
이는 금융 관련 업무기능이 특화된 여의도 업무지구의 활성화에서
이유를 찾을 수 있다. 이 지역은 또한 '오락문화업(CS)'기능에서 지
속적인 우세를 보이고 있는데, 이는 여의도지역에 집중한 방송미디
어 관련 때문인 것으로 보인다. 그러나 상업계열(*C)기능에서는 여타
두 도심에 비해 전혀 특화되지 못하고 있는데, 이는 영등포도심이
주로 업무와 공업관련 기능의 고용 중심의 역할을 하는 반면, 활성

화된 상업가로의 입지가 상대적으로 부족하기 때문인 것으로 보인다. 전체적으로 볼 때, 영등포도심은 초기에 정착된 제조업기능에 1980년대 중반 이후 우세해진 몇몇 비즈니스 관련 기능이 발생하면서 이 두 기능 위주로 특화되어 있는 도심으로 볼 수 있으며, 여타 도심에 비해서는 기능의 편중성이 강하게 나타나고 있다.

강남/서초도심은 1980년대에는 '부동산업(RB)', '건설업(CI)', '전기가스증기(GI)'가 매우 우세하게 나타나는데, 이는 1970년대 이곳에서 대규모 도시개발이 일어나기 시작한 것과 관계가 깊다. '오락문화(CS)', '공공서비스(PS)', '연구임대용역(LB)' 등 서비스계열(*S) 기능이 초기부터 지속적인 강세를 보이는 것이 가장 큰 특징이다. 도심의 성장이 본격화하기 이전부터 서비스 관련 기능이 강세를 보일 수 있었던 것은 역시 정부의 남서울 개발 정책과 관련이 깊다. 당시 정부는 종로/중구도심에 위치하던 각종 공사 및 공공시설들의 강남지역 이전을 대규모로 추진하였으며, 또한 종로/중구도심에서의 서비스업종은 상대적으로 억제하였기 때문이다.[84] 1990년대 중반 이후부터는 '소매업(RC)'이 강화되기 시작하였으며, 또한 1990년대 후반부터는 '통신업(CS)'의 특화경향이 뚜렷한데, 이는 90년대 후반 이후 강남지역에 IT산업과 관련된 업종이 집중적으로 창업되어 온 사실[85]과 관계가 깊은 것으로 여겨진다. 전체적으로 강남/서초도심은 초기부터 서비스 관련 기능이 주로 특화된 도심으로, 점차 고차서비스기능 중심으로 특화가 이루어지고 있어, 향후에도 강남/서초도심의 고용효과는 높은

---

84) 손정목, 다핵도시 구상의 파급효과: 강남개발이 마무리되는 과정 2, *월간국토*, 8월호, 1999, pp.100 – 111.

85) 서연미, *서울시 창업의 업종변화와 공간구조에 관한 연구*, 서울대학교 지리학 석사, 2000, p.52.

수준을 유지하게 될 것으로 볼 수 있다.

(4) 도심 기능변화 고찰: 전체 대비 특화도(ER)

• *전체 대비 특화도(ER)의 변화*

아래는 3도심의 주요 기능들에 대해 '전체 대비 특화도' 값을 표시한 그래프들이다. 이 그래프에서 막대 전체의 길이는 서울 전체에서 3도심부가 차지하는 기능상의 비중을, 각 색채별 길이는 각각의 도심이 그중에서 차지하는 비중을 나타낸다.

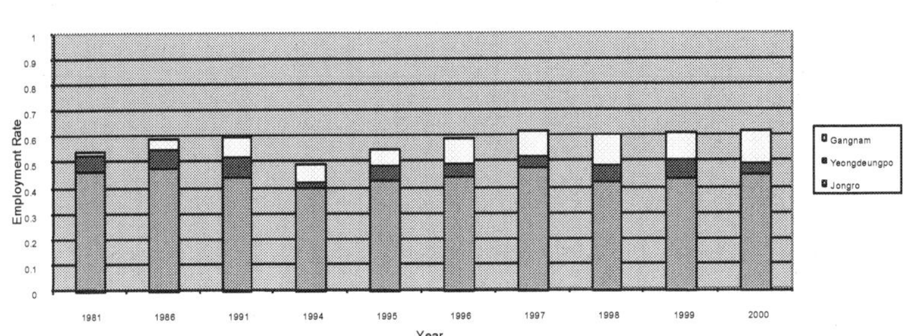

║**그림 3-16**║ ER 변화과정: 종이 및 인쇄 관련 제조업(PM)

제조업계열은 대부분 3도심의 비중이 전체의 절반 정도로 나타나고 있다. 위의 '종이 및 인쇄 관련업'에서 보듯이, 종로/중구도심이 보유하는 제조업 관련 고용은 전반적으로 종로/중구지역의 고용 규모가 줄어 왔음에도 불구하고 일정한 수준으로 유지되고 있으며, 여타 도심이 차지하는 비중은 매우 낮게 나타난다. 이는 앞서 종로/중구도심에서는 점차 제조업 계열만이 특화되어 온 변화와도 관계가 깊다.

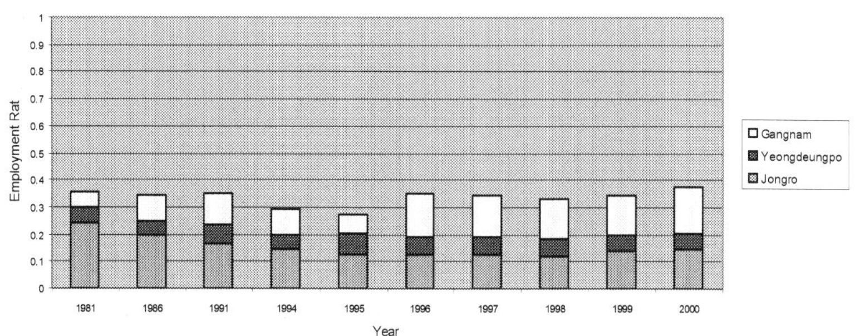

‖**그림 3-17**‖ ER 변화과정: 소매판매업(RC)

소매업은 과거 도심부에 집중 분포하다가 점차 사라져 온 대표적인 기능이다. 3도심 전체가 차지하는 비중은 약 30% 선에 불과하며, 각 도심별로 큰 차이가 없는 가운데, 강남 / 서초도심이 차지하는 비중의 증가추세가 두드러지고 있다.

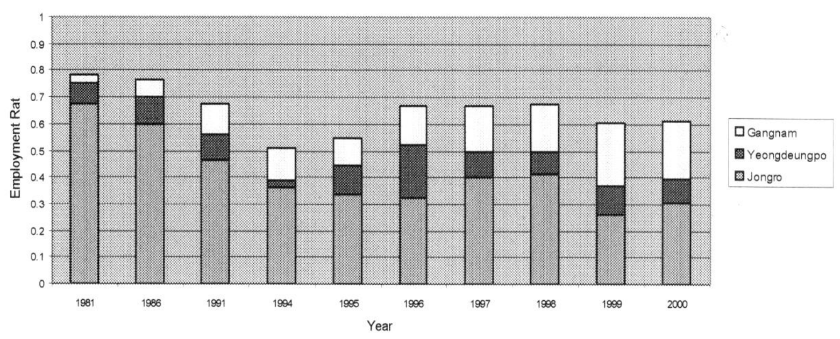

‖**그림 3-18**‖ ER 변화과정: 금융 관련 업무(FB)

금융 관련 기능은 주로 도심기능의 하나로, 3도심이 전체에서 차지하는 비중은 여타 기능계열에 비해 절대적으로 높다. 과거 은행들의 본사가 집중된 종로/중구도심이 대부분 차지하고 있었으나, 1990년대 중반에는 영등포, 후반에는 강남/서초도심에서의 비중 증가가 두드러지고 있다.

┃그림 3-19┃ ER 변화과정: 연구 및 임대 관련업(LB)

가장 큰 변화를 보이고 있는 곳은 서비스업 관련 기능으로, 여기서 강남/서초도심의 성장추세는 압도적이다. 특히, 통신관련기능 등 고차서비스기능으로 여겨지는 기능일수록 강남/서초도심이 차지하는 절대적인 비중은 더 높아진다.

전체적으로 보았을 때, 금융업, 고차 서비스 산업 등에서 강남/서초도심의 비중은 급격하게 성장하여 종로/중구도심의 비중을 넘어서기 시작한 것으로 판단된다. 이에 비해 종로/중구도심은 여타 기능에서의 비중은 계속 줄어드는 반면 제조업 관련 기능에서의 비중은 여전히 유지되고 있어, 상대적으로 제조업 중심적인 도심으로 변모하여, 강남/서초도심의 기능변화 추세와는 많은 대조를 이루고 있다.

(5) 도심별 RSR / ER 변화경향 종합

• RSR / ER 변화추세 종합

도심별로 각 기능의 상대적·절대적 우세도 분포를 동시에 전체
적으로 살펴볼 수 있기 위해, 3도심부에서 모든 기능들의 상대적 /
절대적 우세도(RSR / ER)를 각기 X축 / Y축상의 값으로 나타내어
동일 좌표 위에 표시하였다. 각 도심별로 1981년, 1991년, 2000년
에 측정된 RSR / ER 분포 그래프는 다음과 같다.

1981 JongRo

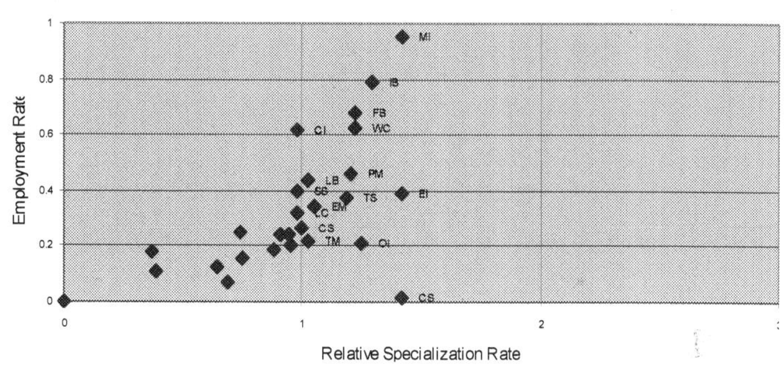

1991 JongRo

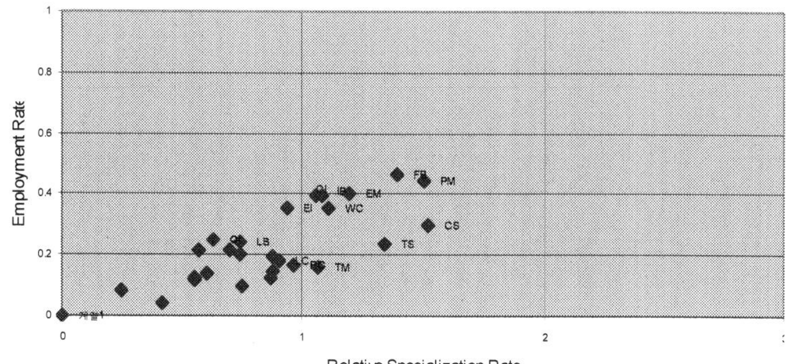

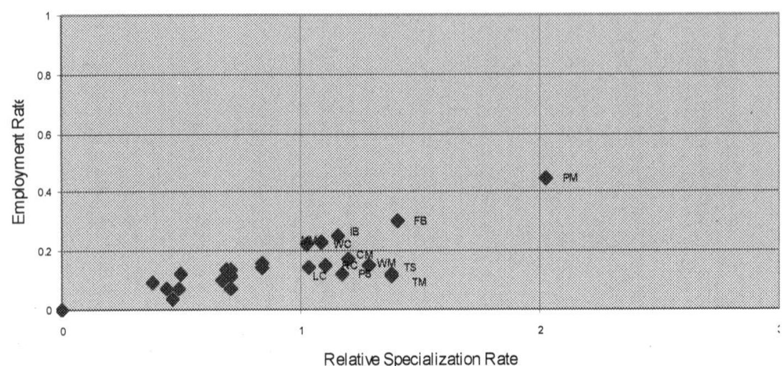

▌**그림 3-20**▐ RSR & ER: 종로/중구도심

종로/중구도심의 경우, 1981년에는 거의 모든 기능들의 상대적 특화도가 값 1 주변에서 고르게 아래위로 분포하고 있었다. 이는 종로/중구도심이 당시에 유일도심의 성격이 강했고, 각종 기능들이 고르게 분포하고 있었음을 뜻한다. 그러나 후에 점차 거의 모든 기능들의 위치가 낮아지면서 점차 M계열(제조업 계열)의 기능들이 우측으로 이동하는 모습을 보인다. 이러한 변화는 전반적으로 종로/중구도심이 서울의 유일한 도심에서 점차 여러 도심 중의 하나로 쇠락하는 데 따른 기능적 변화를 보여 준다고 판단된다.

강남/서초도심의 경우는 종로/중구도심과는 매우 대조적인 형태를 보여주는데, 우선 초기에는 바닥에서 좌우로 크게 분포하던 기능들이 점차 상대적 특화도 값 1, 고용비율 20%대 부근으로 집중되어 가는 양상을 보여 준다. 이는 초기에는 특정 기능들을 중심으로 극화되어 있어 기능적 편중이 심하던 것에서 점차 종합적 기능의 도심으로 변해 가고 있음을 뜻한다. 그러나 초기 종로/중구도심과 같이 상하 편차가 크지 않은 것은 3대 도심이 모두 기능하고 있는 상황에서, 한 도심에서의 고용비율이 과거와 같이 절대적인 비중을 차지할 수는 없다는 것으로 이해할 수 있다.

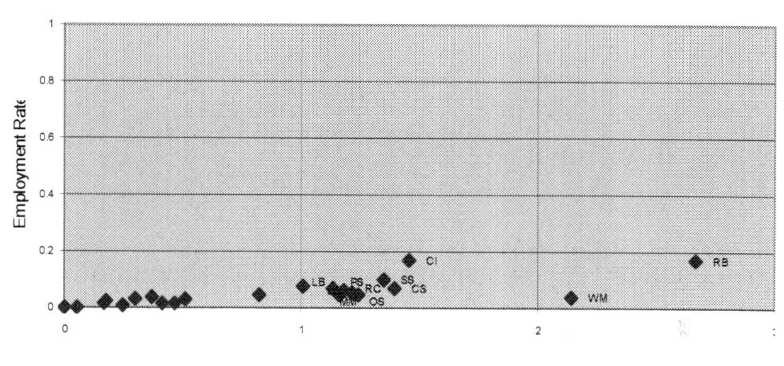

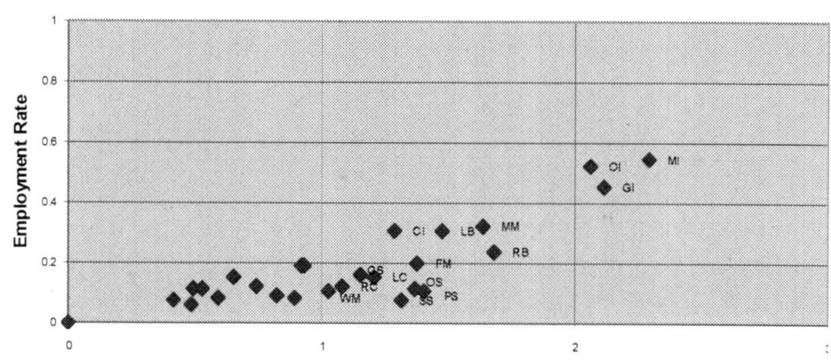

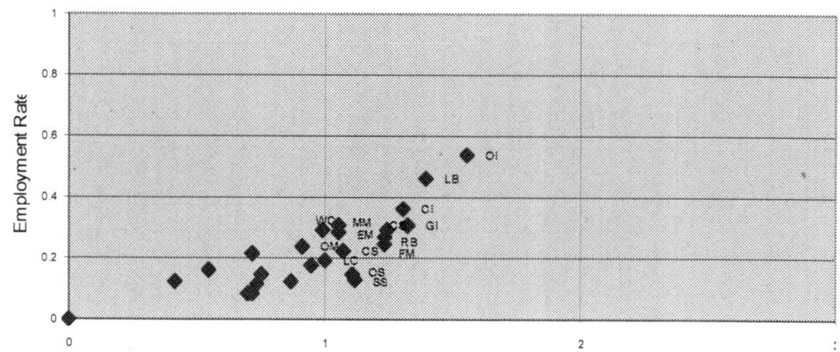

║그림 3-21║ RSR & ER: 강남 / 서초도심

• *각 도심별 기능 평균 이동거리 분석*

각 도심별로 기능분포가 변화해 온 정도를 비교해 보기 위해, RSR / ER의 분포도에서 각 기능이 좌표상 '이동한 거리'의 평균값을 측정해 보았다. 이는 다음과 같은 식으로 제시될 수 있다.

$$\text{각 기능의 평균 이동거리} = \frac{\sum \sqrt{(RSR_i - RSR_j)^2 - (ER_i - ER_j)^2}}{N}$$

위에서 i와 j는 각각 RSR과 ER이 측정된 두 시점 내지 서로 다른 두 도심을 나타낸다. 예를 들어, 종로 / 중구도심의 1981년에서 2000년까지의 기능분포 변화를 알고 싶은 경우, 위의 식에서 i에는 1981년의 값을, j에는 2000년의 값을 넣음으로써 각 기능들이 RSR － ER 좌표상에서 평균적으로 이동해 간 거리를 구할 수 있다. 또한 여기에 동일한 도심의 두 시점이 아닌 서로 다른 도심 간의 RSR과 ER을 대입함으로써, 특정시점의 두 도심이 그 기능적 구성에 있어서 얼마나 차이가 있는가 하는 점을 측정해 볼 수도 있을 것이다. 우선, 각 도심별로 기능분포의 평균 이동거리를 측정한 결과는 다음과 같다.[86]

‖ **표 3.6** ‖ 3핵도심의 기능 평균 이동거리

종로 / 중구도심	강남 / 서초도심	영동포도심
9.99	23.20	16.40

---

86) 너무 낮은 수치가 나오지 않기 위해, 평균 이동거리 식에서 루트 부분과 N으로 나누는 부분을 생략한 값으로 하였다.

위의 값으로 볼 때, 그 기능구성에 있어 가장 심한 변화가 있었던 곳은 역시 강남/서초도심이며, 그 다음으로 영등포, 종로/중구도심의 순서이다. 상대적으로 그 자체의 대규모의 변화보다는 여타 두 도심의 확장으로 인한 상대적인 변화가 주로 일어났던 종로/중구도심은, 전체적인 기능구성의 변화 정도에 있어서도 제일 작게 나타났다.

여기서 한 가지 주목할 점은, 종로도심이 1순위 도심으로서 영향력이 가장 강했다고 판단되는 시점인 1986년과 2000년의 강남/서초도심 간의 기능 평균 이동거리를 구해본 결과, 그 수치는 9.97로 나타났다. 이는 위의 표에서 제시된 종로/중구도심 자체의 기능 평균 이동거리 값보다도 작은 값으로, 전반적인 기능구성에 있어서, 2000년대의 강남/서초도심과 1986년의 종로/중구도심 간의 기능 차이가 오히려 1981년과 2000년 사이에 나타난 종로/중구도심 자체의 차이보다도 작다는 것을 의미한다. 이는, 강남/서초도심의 기능분포가 과거 종로/중구도심이 제1도심이던 당시의 기능분포와 유사하게 변해 갔다는 점을 의미한다고도 볼 수 있다.

(6) 3도심의 기능특성 변화과정 요약

전반적인 3핵도심의 기능적인 변천을 살펴볼 때, 그 결과는 다음의 두 가지로 요약할 수 있다.

1) 3핵도심의 각 도심부는 각기 서로 다른 기능적인 특성을 가지고 변화해 왔다. 각각의 기능별로도 서로 다른 특화경향을 나타냈을 뿐 아니라, 유사한 기능군 내지 기능계열에서도 서

로 뚜렷이 구분되는 특화경향을 나타냈다.

2) 초기에는 종로 / 중구도심이 여러 도심기능에서 모두 높은 특
   화 정도를 보였으나, 주요기능들에 있어서 점차 여타 2도심부
   의 특화 정도가 높아지는 방향으로 변화가 나타났다.

이처럼 3도심부가 기능의 특화에 있어서 서로 의미 있는 차이를
나타냈다고 할 때, 앞서 3장 1절에서 고찰한 바와 같이, 이들 도심
의 영향력은 단지 '포섭관계'로만 판단될 수는 없다는 점을 의미하
며, 이들의 위계를 파악함에 있어서도 이러한 기능구성상의 뚜렷한
차이를 고려해야만 한다는 것을 의미한다. 이런 경우, Christaller와
Berry의 연구에서 가정되어 온 위계에 따른 중심지 '기능구성의 연
속성'은 서울의 도심체계를 파악하는 데 있어 성립하지 않는다고
볼 수 있다. 따라서 서울 도심부를 대상으로 중심성을 측정하거나
도심구조를 파악하기 위해서는 '기능구성상의 차이'라는 점이 반드
시 고려될 필요가 있을 것이다.

3. 기능구조분석을 위한 기초: 기능고도화도(Functional Quality)

앞서 고찰한 대로, 대도시권의 중심지는 그 기능적인 특성이 분
화되고 이에 따라 다양하고 복잡한 형태의 기능별 포섭이 발생하
고 있다. 이런 공간구조에서 중심성과 그 변화양상을 파악하기 위
해서는 각 중심지의 기능적인 특성 및 기능구조를 먼저 파악해야
하고, 이에 따라 달라지는 중심성 내지 영향력의 양상을 밝혀낼 수

있어야 한다. 이러한 작업을 위한 전 단계로, 이 절에서는 도심의 기능구조 분석을 하기 위해 2장의 3절에서 제시한 '기능고도화도(Functional Quality)'를 실제 우리나라의 도시들을 대상으로 측정하고, 이를 기초로 하여 향후 연구를 진행하고자 한다.

1) 기능고도화도의 측정

• 측정 대상 기능의 분류

각 기능의 고도화 정도를 측정하기 위해서는 먼저 대상 기능을 분류할 필요가 있다. 이때 분류는 각 기능의 특성을 잘 반영할 수 있도록 이루어질 필요가 있으며, 그러기 위해서는 기능을 보다 세분화할수록 보다 동질적인 기능그룹으로 분류가 가능하므로, 보다 엄밀하게 '기능고도화도(Functional Quality)'를 측정할 수 있을 것이다.

전국을 조사 대상으로 한 기능별 현황을 담은 데이터 중 사용 가능한 것은 통계청의 '전국사업체기초조사'이다. 이 조사는 1994년 이후부터는 전국의 모든 행정동을 대상으로 이루어지고 있으며, 최근 들어서는 분류 수준을 '세세분류' 단계까지 공개하고 있어, 1994년 이후에는 상당히 구체적인 기능별 분포현황을 이를 통해 구할 수 있다. 그러나 이를 시계열상으로 일관성 있게 분석하는 데 있어서는 상당한 문제가 있는데, 각 연도별로 이용 가능한 자료의 분류 정도가 다르고, 같은 세세분류된 기능의 명칭에 있어서도 심한 변동이 있었기 때문이다.

이러한 난점들로 인해, 파악하고자 하는 대상별로 부득이하게 그 대상 시기를 달리하였다. 예를 들어, '기능고도화도' 측정의 경우, 과거의 추세보다는 현재 도심을 구성하는 주된 기능들을 대상으로 파악하고자 하는 것이므로, '세세분류'의 데이터를 이용할 수 있는 최근의 추세를 대상으로 하는 것이 합리적일 것이다. 이에 1994-2002년도 사이에 조사된 세세분류 기능 카테고리를 기본으로 하여 기능고도화도를 측정하기로 한다. 세세분류상의 카테고리는 약 2,000여 개로 구성되어 있으며, 이를 다시 그 특성 및 기능 간 연관관계, 유사관계에 따라 92개의 기능으로 우선적으로 구분하였는데, 그 결과는 [표 3.7]과 같다.

• 조사 대상 도시의 선정

고도화도 측정은 세세분류 자료의 획득이 가능하고, 전국 단위의 인구조사 자료가 있는 1995년과 2000년을 기준으로 하여 이루어졌다. 대상이 되는 도시는 전국의 79개(2000년 기준) 도시 중, 특별히 여타 대도시권역의 영향이 지나치게 강하거나, 기능적으로 특수성이 강하다고 판단되는 경우를 제외한 39개의 시급 도시[87]를 선정하였다. 또한 포함된 도시 중, 광역시급 도시들의 경우, 보통 광대한 범위의 농촌지역까지를 포함하고 있으므로, 기능고도화도의 측정 목표에 적합하지 않다고 보아, 편입된 농촌지역을 제외한 기존 시 지역의 인구와[88] 기능만을 분석대상에 포함하였다.[89]

---

87) 대상에 포함된 도시는 부산, 인천, 광주, 울산, 수원, 전주, 고양, 포항, 마산, 천안, 진주, 구미, 경주, 제주, 순천, 원주, 춘천, 강릉, 안동, 경산, 거제, 김천, 구리, 제천, 시흥, 공주, 진해, 보령, 광양, 하남, 영천, 의왕, 남원, 동해, 서귀포, 여천, 오산, 문경, 밀양이다.

88) 사업체기초조사상의 세세분류의 코드는 알파벳 한 자리와 5개의 숫자로 이루어지며, 이 표에서 다섯 자리 이하의 숫자를 쓴 것은 그 이하 자리 숫자가 다른 코드들 모두 포함하여 동일 기능으로 분류된다는 의미이다.

89) 여기서 기능별 명칭은 연구자가 다시 그 기능의 범위를 고려하여 새로 코드화하였으

91 - 98	99 - 02	새로 부여한 기능명	코 드
A011 / A012 / A013	A011 / A012 / A013	농 / 임업및관련서비스업	A1
A0141 / A0142	A0141 / A0142	조경식재및관련서비스업	A2
A0143	A0143	축산관련서비스업	A3
A015	A015	수렵및관련서비스업	A4
A02	A02	임업및관련서비스업	A5
B	B	어업및관련서비스업	A6
C	C	광업및관련서비스업	A7
D15	D15	음식료품제조업	M1
D17	D17	섬유관련제조업	M2
D181	D181	의복관련제조업	M3
D182 - D19	D182 - D19	모피및합성물관련제조업	M4
D20	D20	목재제품관련제조업	M5
D21	D21	펄프종이관련제조업	M6
D22	D22	인쇄출판복제관련업	M7
D23	D23	석유및에너지관련제조업	M8
D241	D241	기초화합물제조업	M9
D2421 / D2422	D2431 / D2432	응용화합물제조업	M10
D2423	D242	의약품관련제조업	M11
D2424 / D2429	D2433 / D2434 / D2439	생활화학제품제조업	M12
D243 / D25	D244 / D25	고무및화학섬유관련제조업	M13
D26	D26	비금속광물관련제조업	M14
D27	D27	1차금속관련산업	M15
D28	D28	금속관련조립가공업	M16
D29	D29	기계장비제조업	M17
D300	D300	사무용기기제조업	M18
D31	D31	전기기계변환장치제조업	M19
D32	D32	음향통신장비제조업	M20
D33	D33	의료광학정밀기기제조업	M21
D34	D34	자동차및관련제조업	M22
D35	D35	기타운송장비제조업	M23

며, 새로 부여된 기능코드는 농축수산업계열(A*), 제조업계열(M*), 특정산업계열(I*), 자동차관련(V*), 도매업계열(W*), 소매업계열(R*), 숙박유흥업계열(E*), 서비스업계열(S*)로 각 그 기능 카테고리를 나타내는 알파벳 머리글자와 최고 두 자리 숫자로 이루어지는 조합으로 표현하였다.

91 - 98	99 - 02	새로 부여한 기능명	코 드
D36	D36	가구악기및기타제조업	M24
E40	E40	전기가스업	I1
E41	E41	수도사업	I2
F45	F45 / F46	건설및관련업	I3
–	F45	종합건설업	I4
–	F46	부분건설업	I5
G501	G501	자동차판매관련업	V1
G502 / G503 / G504	G922 / G502 / G503	자동차수리관련업	V2
G505	G504	차량연료소매업	V3
G5121	G512	농축산물및기타도매업	W1
G5122	G513	음식료기호품도매업	W2
G5131 / G5132	G5141 / G5142 / G5143 / G5144 / G5147	가정용품도매업	W3
G51331	G51451	의약품및의료용품도매업	W4
G5133 / G5134 / G5139	G51452 / G5146 / G5147 / G5149	기타가정용품도매업	W5
G514	G515 / G516 / G517	산업및건축자재도매업	W6
G515	G518	산업및업무용기자재도매업	W7
G5199	G5191 / G5199	종합상품도매업	W8
G52110	G52121	종합소매업	R1
G5219	G5211 / G5212 / G5219	대형종합소매업	R2
G52191	G52111	백화점	R3
G52199	G52119 / G52122 / G52129 / G52190	기타종합소매업	R4
G522	G522	음식료품관련소매업	R5
G523	G523 / G524 / G525 / G526	각종생활용품소매업	R6
G524	G527	중고품소매업	R7
G52510	G5281	통신판매소매업	R8
H55101	H55111	호텔업	E1
H55102 / H55103 / H55104 / H55109	H55112 / H55113 / H55114 / H55192 / H55199	기타숙박업	E2
H5521	H5521	식당업	E3
H5522 / H5523	H5523 / H5524	주점및다방업	E4
I601 / I6021 / I6022	I601 / I602 / H	육상승객운송업	T1

91 - 98	99 - 02	새로 부여한 기능명	코 드
I6023 / I603 / I61	I6031 / I6032 / I604 / I61	화물운송업	T2
I62	I62	항공운송업	T3
I6302	I6320	창고서비스업	S1
I63061	I63311 / I63312 / I63390	여행서비스업	S2
I641	J641	우편서비스업	S3
I6420	J6421	전자전기통신업	S4
J651	K651 / K65919	은행서비스업	S5
J659	K659	비통화금융서비스	S6
J660	K660	보험및관련서비스업	S7
J67	K67	증권금융서비스업	S8
K701	L701	부동산임대공급업	S9
K702	L702	부동산관련서비스업	S10
K711 / K712	L711 / 712	기계장비관련임대업	S11
K713	L713	개인및가정용품임대업	S12
K72	M72	컴퓨터정보처리관련서비스업	S13
K73	M73	연구개발관련업	S14
K7411 / K7412	M7411 / M7412	법무회계관련서비스업	S15
K7413 / K7414	M742	사업관련컨설팅업	S16
K742	M743 / M744	건설및토목관련기술서비스업	S17
K743	M745	광고서비스업	S18
K7491 / K7492 / K7493	M751 / M7591 / M7592	인력공급관련서비스업	S19
K7494 / K7495K7499	M7491 / M7593 / M7460 / M7499 / M7594 / M7599	사진디자인등기타서비스	S20
L75	N76	공공행정관련서비스	S21
M80	O80	교육관련서비스업	S22
N8511	P8511	병원	S23
N853	P861 / P862	사회복지관련서비스	S24
O90	R90	위생관련서비스업	S25
O911 / O912	R911 / R912	노조및전문가단체	S26
O9211 / O9212 / O9213 / O9214	Q87	방송및공연관련서비스산업	S27
O9219	Q889	오락서비스업	S28
O923 / O924	Q882 / Q883	각종문화서비스업	S29
O93	R93	기타개인관련서비스업	S30
Q99	T99	국제교류관련기관	S31

2) 기능고도화도 측정의 결과

• *기능고도화도의 기능별 분포*

앞서 선정한 92개 기능 중, 실질적으로 각 도시마다 충분히 분포하고 있는 것으로 판단된 90개 기능의 분포를 1995년과 2000년의 5년 간격을 기준으로 조사하였으며, 이에 나타난 각 기능별 기능고도화도 값은 다음과 같다.

표 3.8 90개 업종에 대한 1995년, 2000년 기준 기능고도화도 값

기능코드	1995	2000	기능코드	1995	2000
A1	0.078	− 0.186	R8	0.884	0.745
A2	0.433	− 0.279	S1	0.616	0.527
A3	0.245	− 0.133	S10	0.874	0.914
A5	0.311	0.078	S11	0.863	0.898
A6	0.324	0.236	S12	0.873	0.876
A7	0.575	0.22	S13	0.774	0.746
E1	0.391	0.638	S14	0.7	0.64
E2	0.834	0.807	S15	0.809	0.833
E3	0.824	0.859	S16	0.641	0.67
E4	0.871	0.875	S17	0.848	0.874
I1	0.785	0.837	S18	0.79	0.869
I2	0.548	0.653	S19	0.825	0.865
I3	0.898	−	S2	0.795	0.846
I4	−	0.886	S20	0.855	0.863
I5	−	0.896	S21	0.821	0.785
M1	0.815	0.816	S22	0.861	0.895
M10	0.483	0.474	S23	0.463	0.821
M11	0.635	0.605	S24	0.807	0.922
M12	0.713	0.684	S25	0.839	0.888
M13	0.718	0.71	S26	0.704	0.87
M14	0.856	0.548	S27	0.894	0.864
M15	0.729	0.715	S28	0.854	0.879

기능코드	1995	2000	기능코드	1995	2000
M16	0.803	0.812	S29	0.868	0.895
M17	0.74	0.782	S3	0.772	0.816
M18	0.517	0.584	S30	0.855	0.861
M19	0.772	0.812	S4	0.817	0.822
M2	0.716	0.661	S5	0.888	0.854
M20	0.542	0.606	S6	0.777	0.83
M21	0.727	0.687	S7	0.771	0.855
M22	0.749	0.693	S8	0.812	0.841
M23	0.635	0.514	S9	0.369	0.742
M24	0.822	0.813	T1	0.756	0.842
M3	0.782	0.748	T2	0.674	0.851
M4	0.568	0.526	T3	0.391	0.532
M5	0.799	0.748	V1	0.886	0.95
M6	0.714	0.705	V2	0.909	0.859
M7	0.812	0.871	V3	0.893	0.869
M8	0.384	0.636	W1	0.667	0.712
M9	0.695	0.766	W2	0.807	0.842
R1	0.922	0.876	W3	0.643	0.765
R2	–	0.85	W4	0.645	0.692
R3	0.795	0.744	W5	0.8	0.82
R4	0.833	0.843	W6	0.773	0.82
R5	0.802	0.763	W7	0.709	0.783
R6	0.858	0.857	W8	0.805	0.593
R7	0.758	0.89			

기능고도화도 값을 측정하기 위한 로그선형모형은 사실상 인구를 독립변수로 하고 기능의 수를 종속변수로 하는 '로그선형회귀분석'이라고도 볼 수 있다. 이 회귀분석에 있어서의 결정계수(R^2) 값은 1995년 평균 0.716, 2000년 평균 0.723으로, 회귀모형으로서도 기능 증가의 경향을 잘 설명하는 것으로 나타났다.

측정된 기능고도화도 값들은 모두 1보다 낮은 분포를 보였으며,

일반적으로는 0 이하로 나올 수 없음에도 불구하고 일부 기능들에서는 음의 값이 나타나기도 하였다. 이러한 기능들은 2000년도 기준의 'A1(농업 및 관련 서비스업)', 'A2(수산업 및 관련 서비스업)', 'A3(축산업 및 관련 서비스업)'으로, 이들은 농촌적인 토지 이용과 밀접하므로 인구 규모가 큰 도시일수록 오히려 해당기능의 출현은 줄어드는 경향이 있음을 알 수 있다. 즉, 중심지 규모가 클수록 오히려 그 발생빈도는 줄어드는 기능들이며, 역시 중심지이론에서 가정하는 기능분포의 특성에서 예외인 사례로 볼 수 있을 것이다.

• *기능고도화도 측정결과에 대한 해석*

측정된 기능별 기능고도화도 값이 어떤 분포를 보이는가를 살펴보기 위해 우선 각 기능의 계열별로 기능고도화도의 평균과 그 변화 추이를 나타내 보았다.

표 3.9 각 기능계열별 기능고도화도 평균값의 추이

기능계열	1995평균	2000평균	증감
A	0.328	-0.406	-0.734
E	0.730	0.795	0.065
I	0.744	0.818	0.074
M	0.697	0.688	-0.009
R	0.836	0.821	-0.015
S	0.808	0.857	0.049
W	0.731	0.753	0.022

1995년에 측정된 기능고도화도의 계열별 평균을 살펴보면, 우선 1순위는 R계열(소매업계열)의 기능들로서, 이어서 S계열(서비스업계열)과 I계열(기반시설관련각종산업)이 그 뒤를 이었다. 이에 비해서, M계열(제조업계열)이나 W계열(도매업계열), 그리고 A계열(농축수산

업계열)은 전반적으로 낮은 값들이 나와 일반적으로 인식되는 각 기
능계열별 고도화 정도와 대략적으로 일치하는 것으로 보인다. 이러
한 추이는 대략 2000년에도 이어지는데, 그 중 주목할 만한 변화는
역시 S계열 기능의 약진이다. 단일한 특성의 기능계열이라고 보기
어려운 I계열을 제외하고는 전체에서 가장 큰 증가폭을 나타냈으며,
2000년 평균 0.857로 1순위를 나타냈다. 이에 비해서 농축수산업계
열이나 제조업계열, 소매업계열은 오히려 감소를 보여 주고 있다. 전
체적인 결과를 볼 때, 서비스업 계통의 기능들에서 점차 기능고도화
도가 높아진 반면, 제조업 계열 등 재래적인 기능들은 5년 사이에도
많은 폭으로 감소해 가는 추세를 볼 수 있다.

┃표 3.10┃ 기능고도화도 기준 상위 15개 기능 추이

순 위	1995		2000	
	기능고도화도	기능코드	기능고도화도	기능코드
1	0.922	R1	0.95	V1
2	0.909	V2	0.922	S24
3	0.898	I3	0.914	S10
4	0.894	S27	0.898	S11
5	0.893	V3	0.896	I5
6	0.888	S5	0.895	S22
7	0.886	V1	0.895	S29
8	0.884	R8	0.89	R7
9	0.874	S10	0.888	S25
10	0.873	S12	0.886	I4
11	0.871	E4	0.879	S28
12	0.868	S29	0.876	R1
13	0.863	S11	0.876	S12
14	0.861	S22	0.875	E4
15	0.858	R6	0.874	S17

    기능별로 측정한 기능고도화도를 측정한 값에 있어서, 상위 15개

의 기능을 나타낸 결과는 [표 3.10]과 같다. 앞서 계열별 변화에서 추측되었듯이, 2000년에는 상위 15개 기능 중에서 60%에 달하는 9개가 서비스계열의 기능이었으며, 순위 또한 전반적으로 높아져서, 개별 기능의 순위에서도 서비스계열의 도약이 두드러진 것을 알 수 있다. 구체적 기능별 변화에서도, 기능계열별로 나타나는 일반적인 변화가 반영되어 있음이 나타난다. 1995년도 1순위이던 '종합소매업(R1)'이 2000년도에는 12위로 대폭 하락한 점을 볼 수 있는데, 이는 주로 대도시권 위주로만 분포하던 대형종합소매업체가 1990년대 후반 이후에는 중소도시로도 파급되어 간 것 때문인 것으로 추측할 수 있다. 1995년과 2000년 모두 '자동차판매업(V1)'이 높은 순위에 올라 있는 것은, 자동차 판매가 전국적인 규모로 이루어지는 전문품의 성격을 띠고 있어, 그 업체들이 주로 대도시에 집중되어 있기 때문에 나타나는 현상으로 볼 수 있다. 건설업과 관련된 '건설 및 관련업(I3)'은 1995년 3순위에서 2000년에는 순위권 밖으로 하락하는 동안, 주로 인테리어나 내·외장의 상세디자인과 관련된 '부분건설업(I5)'이 2000년 건설/건축업계열로는 가장 높게 오른 점은 전체적인 건설경기의 후퇴에 따라 건설/건축업 내부의 구조가 달라져 갔음을 의미한다. '부동산임대공급업(S10)' 역시 5년 동안 크게 순위가 오른 기능 중의 하나인데, 이른바 부동산 경기의 활성화로 부동산 컨설팅 및 임대와 관련한 직종들이 크게 늘어난 최근의 추세를 그대로 반영하고 있는 것으로 판단된다. 전체적으로 보아, M계열(제조업계열)의 기능들은 15순위 내에 하나도 포함되지 않았으며, 전체적으로 서비스업 내지 서비스업에 가까운 기타 계열(V1: 자동차 판매업 등)이 높은 순위에 올라 있어, 역시 서비스업 계통이 보다 고도화된 기능계열인 것으로 판단할 수 있다.

이상에서 살펴본 바와 같이, 기능고도화도 값은 일반적으로 판단하는 기능의 품격에 대한 인식과 대략 일치하는 것으로 나타나고 있으며, 제조업과 같은 노동집약적인 기능에서 점차 서비스업 계열 등의 지식집약적인 기능들로 그 중심이 옮겨져 온 것을 알수 있다.

기능고도화도 지표가 기능의 양적인 측면 내지 규모적인 측면과는 어떤 관계를 가지는가를 파악하기 위하여, 현실적으로 구득 가능한 자료 중 기능의 규모를 잘 반영한다고 판단되는 '기능당 종사자수'와의 관계를 상관관계분석을 통하여 조사해 보았다. 그 결과, 90개 기능의 기능고도화도와 각 기능별 종사자수는 - 0.238의 '음'의 상관계수를 나타냈으며, 또한 모든 수준에서 유의하지 않는 것으로 파악되었다. 이는 기능고도화도는 규모와 관련된 지표와는 별개라는 점을 의미하며, 아울러, 기능의 양적인 지표와는 다른 의미를 가지는, 규모의 질에 대한 독립적인 변수가 될 수 있다는 점을 말해준다.

3) 기능고도화도의 의미 및 활용 가능성

위의 전체적인 분석결과로 볼 때, 기능고도화도 값은 세분된 각 기능들이 보다 큰 중심지에 분포할 가능성, 즉 기능의 품격화 정도를 나타내는 지표로 유용하게 쓰일 수 있다고 판단된다. 기초사업체조사상의 세세분류가 1994년부터만 가능했던 점으로 인해,

1995년과 2000년도 시점에서만 측정되기는 했으나, 만일 1980년
대부터 동일한 기능분류로 기능고도화도를 측정할 수 있었다면, 전
체적인 도심의 기능체계와 각 기능들 간의 관계 및 그 변화과정을
보다 넓게 파악할 수 있었을 것으로 생각된다.

이상과 같은 기능고도화도가 본 연구에서 가지는 활용도는 다음
과 같이 요약될 수 있을 것이다.

- 서로 다른 기능들이 각기 도심의 중심성에 기여하는 정도를
  직접 수치화하여 비교할 수 있게 한다.
- 일종의 인구 규모에 따른 기능증가 추세선으로 볼 수 있어,
  가상적인 중심지에 입지하게 될 기능의 비율과 그로 인한 중
  심성의 변화를 예측할 수 있게 해 준다.

제4장 중심성 및 영향력 분포로 본 서울 도시구조

　이 장에서는 앞서의 고찰들을 토대로 하여 서울의 도심체계와 그 변화과정, 그리고 도시 공간 속에서 도심의 영향력 분포와 관련된 양상을 파악해 보고자 한다. 도심체계의 파악을 위해서는 먼저 각 도심의 중심성을 판정할 수 있는 적절한 모형이 필요하다. 먼저 서울의 3핵도심의 중심성을 측정할 수 있는 모형을 도출하고, 이를 통해서 서울 도심구조의 변화 추이를 파악해 보고자 한다. 이 장의 앞부분에서는 서울의 도심체계 판정에 적합한 중심성지수를 제안하고 이를 통해 3핵도심부의 중심성 변화과정을 추적해 보기로 한다.

　각 도심이 가지는 중심성은 결국 해당 도심이 가지는 기능에 의해서 발현되는 공간적인 세력으로서, 이는 도시 내 각 지역으로의 '영향력'으로 작용하게 된다고 볼 수 있다. 이 장의 후반부에서는 각 도심부의 중심성으로 인해 발생하는 공간상의 '영향력'을 측정하는 모형을 개발하고, 이를 통해 3핵도심이 도시 전체에서 나타내는 영향력의 공간적 분포를 파악해 보기로 한다.

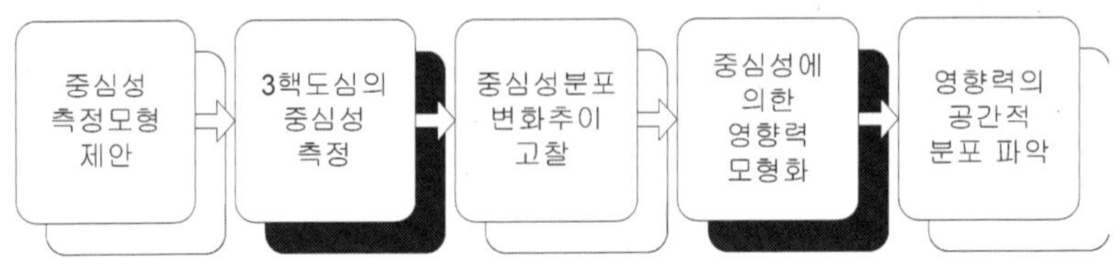

∥그림 4-1∥ 4장의 진행 흐름

1. 중심성의 측정

1) 중심성 측정에 있어 고려할 점들

앞서 이론적 고찰에서 다룬 바와 같이, 도시지리학 분야에서는
중심지의 존재와 그 위계적 성질에 관심을 둔 이후, 특정한 지역
이 가지는 중심으로서의 영향력, 기능의 집적도를 수치화하기 위한
시도들이 계속적으로 있어 왔으며, 이를 통해 도심의 영향력을 파
악하고 도심체계를 이해하고자 했다. 한편, 이러한 연구방법들 중
상당부분은 중심과 중심이 연속적으로 분포하는 대도시의 고밀한
도시 공간구조에는 적합하지 않는 측면이 있음도 언급하였다. 실제
로, 서울의 도심지역의 경우, 단일 도시지역임에도 불구하고 3핵의
거대 도심이 존재하고 있으며, 이들 도심 간에는 단순히 위계분포
로 설명되기는 어려운 도심별 기능의 분화관계가 있어 왔음을 앞
장에서 다룬 바 있다. 따라서 서울의 도심들은 그 해당 배후지와

의 뚜렷한 연관관계로 설명되지 않으며, 이에 따라 거느리고 있는 배후지의 규모를 통해서 판단하는 도심의 '위계'라는 개념도 적용이 어렵게 됨을 알 수 있었다. 이런 점에서 볼 때, 서울의 3핵도심은 각각의 특징적인 기능구성에 따라, 각 기능별로 그 포섭영역과 세력을 달리하는, 일종의 기능적인 배열을 이루는 관계에 있다고 볼 수 있다.

또한 현대의 도시들은 그 기능구성과 분포에 있어서 복잡 다양하고 동일한 기능 간에도 규모와 기능의 고도화 정도가 크게 차이가 나고 있어, 기존 중심지이론 계통의 가정과 같이 단순히 기능의 집적된 정도만으로 어떤 지역의 중심성을 측정하기는 더욱 어려워졌다. 예를 들어, 도심기능의 상당부분을 차지하는 소매기능들의 경우, 동일한 업종 가운데에서도 근린상점 정도의 규모에서부터 기업형 대형 할인점의 규모에 이르기까지 그 규모의 존재 범위가 넓고, 그 규모에 따라 도시 공간 내에서 미치는 영향력의 특성도 크게 달라진다. 따라서 어떤 지역의 기능상의 영향력을 판단하기 위해서 단순히 기능을 분류하고 그 집적도를 계산하는 것만으로는 충분하지 않으며, 동종의 기능 간에도 존재하는 이런 '규모의 차이'와 '기능의 고도화 정도의 차이'를 고려하는 측정방법이 필요할 것이다.

2) 고용중심성지수

(1) 기존 중심성지수 모형들

한 지역이 가지는 중심지로서의 영향력의 정도를 '중심성(Centrality)'이라고 할 때, 그 중심성은 결국 그 중심지가 가지는 기능과 그 기능의 분포 및 그 구조에서부터 나오게 된다. 즉, 중심지가 보유하는 기능의 종류, 기능의 수, 그리고 기능의 구성에 따라 그 중심지가 도시공간에서 미치는 영향력은 시공간적으로 다르게 나타날 수 있다. 따라서 어떤 중심지의 '중심성'을 측정한다는 것은 이 중심지가 그 영역 내에 가지는 기능의 분포와 구조를 파악하고, 이로 인해 발현되는 기능적인 영향력의 정도를 측정하는 것이 된다. 이 절에서는 도심이 보유한 기능의 영향력을 직접적-중심지가 가지는 영향력을 2차적으로 발현되는 간접적인 지표를 통해서가 아닌, 해당 중심지의 기능적인 특성과 구조를 통해서 측정하는-으로 측정할 수 있는 방법을 모색해 보고자 한다.

• *간접적인 지표를 통한 중심성 측정 및 중심지 구별법들*

중심성을 측정하고 중심지를 구별해 내는 데 있어서 간접적인 지표를 이용한다는 것은 해당 중심지가 보유하고 있는 기능의 구조와 이에 따라 가지게 되는 영향력을 직접 측정하기보다는 그로 인해 공간상에 나타나는 2차적인 현상을 통해 중심성을 관찰한다는 의미이다. 이러한 간접적인 지표들로 가장 널리 활용되어 온 것은 크게 보아, '고용밀도', '교통량' 그리고 '지가'의 3가지가 있다.

고용밀도를 통해서 중심성을 측정한다는 것은 중심성이 높은 중심지일수록 단일한 면적에 각 기능에 고용되어 있는 고용수가 보다 집적되어 있을 것이라는 가정에서 출발한다. 고용밀도를 통해 중심성을 측정하는 방법은 주로 도시의 부도심지역의 성장을 파악하기 위한 1980년대의 연구[90]에서 많이 나타나고 있으며, 서울을

---

90) Green. & David. L., Urban Subcenters: Recent Trends in Urban Spatial Structure, *Growth and Change*, Vol.11., No.1., 1980, p.29-40.; Dunphy, R. T., Defining

대상으로 한 국내 연구에서도 고용밀도나 사무실 연면적의 집적도 등의 밀도관련 지표를 통해 중심성을 측정한 사례[91]가 많이 있다. 교통량 내지 통행발생량은 해당 지역으로의 활동 집중성을 주로 나타내는 지표로 볼 수 있으며, 해외에서는 Gordon과 Harry에 의해 제안[92]된 후 국내의 중심지 관련 연구에서도 많이 적용되었다. 국내 연구의 사례에서, 전명진[93]은 1981년에서 1991년의 10년간의 서울 도심체계의 변화를 교통유발통행밀도를 통해 연구하였으며, 이를 통해 부도심의 출현과 성장을 고찰하였다. 해당 지역의 지가 / 지대와 관련된 변수들은 지역이 가지는 경제적인 가치가 함축된 변수로서, 특히 상업적인 활력이 높게 집중된 지역일수록 면적당 지가가 높아지는 것으로 알려져 있어 중심성 측정의 자료로 쓰이기도 하나, 주로 여타 변수와 함께 종합적인 판단의 근거로만 활용[94]되는 경향이 크다.

그러나 이러한 간접적인 지표들은 중심성으로 불리는 중심지의 영향력과의 연결성에 있어서 문제점을 가지고 있을 수 있다. 우선, 고용밀도를 통해서 중심성을 측정하는 것에 대해, Dunphy[95]는 고

Regional Employment Centers in an Urban Area, *Transportation Research Record*, 861, 1982, pp.13 – 15.

91) 송미령, 서울 공간구조의 변화와 특정: 1980 – 1990 고용과 사무실공간의 분포를 중심으로, *국토계획*, 제32권 4호, 1997, pp.209 – 228.
전명진, Is Seoul Really Polycentric?, *국토계획*, 제30권 4호, 1995, pp.285 – 294.

92) Gordon, P. & Harry, W. R., Beyond Polycentricity, *Journal of the American Planning Association*, Vol.62: No.3, 1996, pp.289 – 295.

93) 전명진, 서울시 도심 및 부도심의 성장과 쇠퇴: 1981 – 1991년간의 변화를 중심으로, *국토계획*, 제31권 2호, 1996. pp.33 – 45.

94) 김창석, 우명제, 서울시 중심지 설정과 중심지 특성에 관한 연구, *국토계획*, 제35권 1호, 2000. pp.1 – 12.

95) Dunphy, R. T., Defining Regional Employment Centers in an Urban Area, *Transportation Research Record*, Vol.86, 1982, p.14.

용수나 밀도와 같이 고용과 관련된 양적인 지표 내에는 '직업의 종류와 다양성[96]'과 같은 변수가 지역에 미치는 영향이 고려되어 있지 않은 문제가 있음을 지적하고 있다. 즉, 기능의 '질적인 차이'가 반영되지 않는 문제점이다.

교통량 내지 통행량과 같은 변수는 현실적인 중심지 활동 발생의 정도를 측정하게 해 준다는 장점이 있으나, 정보통신수단의 발전, 직주근접에 의한 교통량 감소와 같은 보다 진전된 도심구조 성향을 고려하지 못한다는 측면에서 역시 문제가 제기될 수 있다. 또한 기능별 교통유발량에 대한 분석이 없이 기능적인 구성이 다른 중심지를 단지 '교통유발량'만으로 그 비교하기는 어려운 측면이 있다.

지가와 같은 변수의 경우는 도심기능 중에서도 특히 소매기능의 집중과 같은 일부 기능의 집중에 보다 민감한 영향을 받는 것으로 알려져 있어 기능의 구성이 다른 도심을 평가하는 데는 역시 난점이 있다. 또한 지가는 그 변동 추이가 중심지의 성장과는 시간 차이를 두고 뒤따르는 경향이 있어, 공간적 변동이 빠르게 나타나는 경우에는 지가를 통해 중심성의 변화양상을 파악하기 어려운 경우가 있을 수 있다.

이처럼, 이상과 같은 3가지의 간접적인 중심성 지표들은 간단한 몇 개의 변수 만으로 중심지의 중심성을 측정할 수 있게 하는 장점이 있으나, 전반적으로 볼 때, 도심의 기능이 가지는 영향력의 질적인 차이를 직접적으로 반영하지 못한다는 부분에서 문제가 제

---

96) 이러한 차이들은 밀도와 같은 양적인 지표에 비해서 "질적인 지표"라고 볼 수도 있을 것이다.

기된다. 중심지의 영향력은 그 중심지가 보유하는 기능의 양적 / 질적인 분포와 구조로부터 발현되는 것인 데 비해, 이상과 같이 기존 연구에서 주로 활용한 지표들은 그로부터 나타나는 2차적이고 간접적인 지표를 통해 측정하고자 하는 데서 난점이 발생한다고 요약할 수 있을 것이다.

• *직접적인 접근을 통한 중심성 측정: Davies 중심성지수*

중심지 내에 존재하는 기능들의 영향력을 직접적으로 측정하고자 하는 대표적인 시도들로는 W. K. D. Davis의 '중심성지수(Centrality Index)', Dutt의 '복합적 계층수준에 의한 방법', Christaller의 '전화대수에 의한 중심성지수', R. E. Preston의 지역 내부를 위한 공급규모(Nodality)를 제외한 '순수중심성지수(Centrality)'[97], 역시 W. K. D. Davies의 '상업지역 구성건물의 변화 정도 판정을 통한 방법'[98] 등이 있다.[99] 이러한 방법들은 도심의 기능적 영향력을 보다 직접적으로 측정하고자 하는 시도라는 데서 이 연구의 방향과 일치하나, 대도시권 도심체계의 기능적 특성을 반영하는 데는 역시 여러 가지 난점들이 있는 것으로 보인다.

이들 중심성지수 측정 시도들은 대부분 Christaller의 중심지이론상의 기본적인 가정에서 출발하여, 메트로폴리스급의 대도시권역보다는 지방의 소도시를 그 주요 측정대상으로 하는 데 활용되었다.

---

97) Preston, Richard E. The structure of central place system, *Economic Geography*, Apr., 1971, pp.136 – 155.

98) Davies W. K. D. The morphology of Central Places: A case study, *Annals of the Association of American Geographers*, 1968, Mar., 1968, pp.91 – 110.

99) 서울시정개발연구원, *서울시 중심지 위계 설정과 재정립에 관한 연구*, 1992, pp.390 – 396.

이에 따라 이들 연구들에서는 기본적으로 동일한 범주로 구분된 기능 간에는 영향력의 차이가 없는 것으로 가정되고 있어, 기능분화 정도가 높고 기능 간의 성격 차이가 크게 나타나는 메트로폴리스급의 도시에 적용하는 데는 적절하지 못한 측면이 많다.

이러한 지수들은 공통적으로 중심지이론 계통의 기본 가정에 충실하여, 중심지는 다른 중심지와의 영향관계를 통하여 그 위계가 결정된다고 보고 있으며, 따라서 그 중심지가 공급하고 있는 기능 내지 그 지역 내에 존재하는 기능의 '집적도'에 따라 중심성이 측정될 수 있다고 본다. W. K. D. Davies의 중심성지수는, 그 중에서도 이러한 가정에 가장 충실한 사례로 볼 수 있다. Davies의 중심성지수는 우선 그 활용이 간편하고 그 결과가 단순한 숫자로 표시되는 장점이 있어 한국의 경우에도 지방의 소도시들의 중심성 측정에 이 지수가 사용된 사례가 있다.[100] 이를 적용하는 과정은 다음 2가지 식으로 표시된다.[101]

$$Cf(j) = \frac{1}{\sum Aj} \times 100$$

$$Fij = \sum Aij \times Cf(j)$$

$Cf(j)$: 기능 j의 입지계수(location coefficient)

Aj : A지역에 입지한 기능 j의 수

---

100) 이동훈, 농촌중심도시의 중심성지수와 정주권 생활체계에 관한 연구, 한양대학교 도시및지역계획학 석사, 2000.

101) Davies W. K. D., Centrality and the Central Place Hierarchy, *Urban Studies*, Apr., 1967, pp.61－71.

Aij : 중심지 i에 위치한 기능 j의 수

Fij : 중심지 i의 기능 j에 대한 중심성 값

위의 지수모형은 개념적으로는 다음과 같은 내용으로 표시될 수 있다.

$$특정지역의중심성지수 = \sum (기능의희소도 \times 기능의총계)$$

즉, 지역의 중심성은 그 지역이 가지고 있는 기능의 수와 비례한다고 보되, 각 기능이 전체 지역에서 얼마나 희소하거나 혹은 다양한가를 고려하여 가중치 형태로 곱한 것을 알 수 있다. 예를 들어서, 전체 지역에 10개가 존재하는 기능이 도심에 1개 분포할 때 그 기능의 희소도는 1 / 10로서, 해당 중심과 배후지에 걸쳐 100개가 존재하고 도심에는 1개가 존재하는 기능에 비해 10배의 희소도를 가지게 된다. 즉, 해당 지역의 중심성을 기본적으로 보유하는 기능의 총계로 보되, 개별 기능들이 전체 지역에서 얼마나 희소한가를 파악하고 이를 통해 가중치를 차별화하여 부여한 것으로 볼 수 있다.

그러나 보다 다양하고 세분화된 기능을 보유하는 현대 도시의 중심지를 고려할 때, 위의 모형은 두 가지의 난점을 가진다. 우선, 동종 기능 간의 규모 차이가 고려되어 있지 않은 점이다. 특정한 기능의 영향력은 개별 기능의 '규모'와도 분명한 관계를 지닌다고 보아야 한다. 동일한 기능이라 할지라도, 그 규모에 따라 보다 높

은 중심성을 가질 수 있기 때문이다. 이 난점을 수정하기 위해서는 보다 기능에 대한 분류가 자세할 필요가 있으며, 동일한 종류의 기능 간에도 그 규모의 차이가 반영될 수 있어야 한다. 또 다른 난점은, 서로 다른 종류의 기능 간의 특성 차이에 따른 영향력 차이가 인정되지 않고 있다는 점이다. 희소도는 해당 기능의 수적인 분포특성만을 반영할 뿐, 기능 자체의 특성에서 오는 영향력 수준을 반영하지는 않는다. 어떤 기능이 해당 도시지역에서는 높은 희소도를 가진다 해도, 희소한 이유가 해당 기능의 특성상 그 수요 자체가 적기 때문일 수도 있다. 이런 경우, 고도화된 도시기능으로 볼 수 없음에도 불구하고 단지 그 기능이 지역 내에서 적게 분포한다는 이유로 높은 가중치가 부여되는 문제가 발생하게 된다. 이를 피하기 위해서는 일단 기능의 분류단계에 있어서 먼저 그 기능이 도시 공간에서 수요가 충분한 기능인지를 확인할 필요가 있으며, 또한 이렇게 분류된 기능들 간에도 그 기능의 경제성, 효율성과 기능의 고도화 정도를 반영할 수 있는 방법이 추가로 필요하다.

이상에서 언급한 중심성 측정상의 두 가지 난점은 각각, '동일 기능 간의 규모의 차이에 따른 문제'와 '다른 기능들 간의 고도화 정도의 차이에 따른 문제'로 표현할 수 있다. 이 두 가지 문제는 기능이 다양화, 복잡화, 고도화되는 곳에서 더욱 커지게 된다. 서울의 3핵도심과 같이, 도심 자체가 이미 종합적이고 복합적인 기능으로 서로 다른 생활권의 중심이 되고 있는 경우에는 더욱 그러하다. 이어지는 부분에서는 기능적 구조에 의해서 발생하는 영향력을 직접 측정할 수 있는 중심성지수 모형을 찾아보고, 두 가지 난점이 개선된 중심성지수 모형을 도출해 보고자 한다.

(2) 기존 중심성지수모형의 보완

• 동일 기능 간의 규모의 차이에 대한 보완

특정한 기능 내지 업종의 개별적인 규모의 차이를 반영할 수 있는 변수로는 그 기능의 연면적이나 대지규모 등 물리적인 크기의 변수, 종사자수와 같은 고용상의 변수, 대상 소비자의 규모 측정을 통한 상권규모의 변수 등 여러 가지가 있을 수 있다. 그러나 연면적 등 개별기능의 물리적인 변수의 경우, 서울 전체의 기능들을 대상으로 할 경우 자료수집이 거의 불가능할뿐더러, 물리적인 규모가 반드시 그 기능의 영향력에 비례한다고 보기도 어렵다. 또한 대상 소비자의 규모와 같은 변수는 해당 업종의 규모에 의해 나타나는 영향력의 정도를 설명하는 힘이 크겠으나, 역시 자료구득이 어렵고 중심성지수를 측정하는 과정을 복잡하게 한다. 이에 비해서 '기능별 종사자수'의 경우 각 기능별로 데이터가 행정동 단위로 존재하며[102] 또한 이 값이 큰 기능일수록 경제적 영향력이 높고 그 규모도 클 것으로 충분히 판단할 수 있다.[103]

이에 따라, 우선 *"해당 기능의 개별 단위기능의 규모는 그 종사자수에 비례한다"*는 가정하에 다음과 같은 '고용규모비'를 산정하기로 한다.

---

102) 1994년 이후로 매년 시행되는 통계청의 전국사업체기초조사.

103) 이창수 "서울시 상업지역의 계층구조와 유형분석에 관현연구(1992)"에서는 고용의 밀도를 기준으로 하여 그 밀도가 높을수록 중심적인 기능인 것으로 판단한 사례가 있다.

$$\text{고용규모비} = ES_{ij} = \frac{E_{ij}}{N_{ij}} \Bigg/ \frac{E_{tj}}{N_{tj}} = \frac{E_{ij}N_{tj}}{E_{tj}N_{ij}}$$

E_{ij}: i도심 내의 j기능의 종사자수

E_{tj}: 전체 도시의 j기능의 총종사자수

N_{ij}: i도심 내의 j기능의 총기능수

N_{tj}: 전체 도시의 j기능의 총기능수

이 '고용규모비'는 동일한 기능 내에서 전체 도시의 평균적인 기능당 종사자수에 대한 해당 도심 내 기능당 종사자수의 비율이 된다. 예를 들어, 한 도시 내에서 평균 10명의 고용규모를 가지는 한 기능이 있는데, 특정 도심 내에서는 그 기능의 평균 고용규모가 15명이라고 하면 이때의 고용규모비는 15 / 10 = 1.5로 계산된다. 이에 따라, 그 도심부 내에 존재하는 해당 기능은 전체 도시 내에 존재하는 동일 기능의 평균적 규모보다 1.5배의 규모인 것으로 인정할 수 있다. 이 고용규모비를 사용하면, 특히 일용품소매점과 같이 그 규모상의 편차가 크게 나타나는 기능들에 대해서도 규모에 따라 영향력을 달리 평가할 수 있게 되므로, 규모가 다름에도 불구하고 기능의 수로만 중심성을 평가하게 되는 점을 보완할 수 있게 될 것이다.

- *다른 기능들 간의 기능고도화 정도 차이에 대한 보완*

예를 들어, 특정한 두 지역이 한 지역은 소매업 기능 위주의 중심지를 이루고 있는 반면, 다른 한 지역은 서비스 관련 기능이 집중하고 있다고 할 때, 이들 두 지역의 중심성은 단순히 그 기능이 집적한 정도나 기능의 종사자수, 연면적 등 규모와 관련된 변수로는 비교가 불가능하다고 볼 수 있다. 이는 각 기능들마다 서로 다른 이윤 규모를 가지고 있고 기능에 따라 필요한 종사자수, 건물 연면적의 크기 등의 특성이 모두 상이하기 때문이다. 즉, 서로 완전히 다른 특성의 기능이 가지는 영향력은 그 숫자나 규모만으로 비교할 수는 없다는 것이다. 특히 소매업과 서비스업, 서비스업과 제조업 등과 같이 그 기능적 성격이 완전히 상이한 기능들 간에는 서로 간의 중심성을 비교 판단할 수 있는 근거가 부족하므로, 단지 각 기능별로만 중심성을 측정할 수 있을 뿐이다. 그러나 서울의 경우, 모든 도심들이 다양한 기능을 보유하고 있는 종합적인 도심이므로, 이러한 서로 다른 기능들 간의 중심성에 대한 영향관계가 파악되어야 전체적인 중심성도 측정될 수 있을 것이다.

앞서 3장 3절에서는 서로 다르게 분류된 기능들 간의 '기능고도화도(Functional Quality)'를 정의하고 측정한 바 있다. 이 기능고도화도는 보다 높은 위계의 중심지에 출현하게 될 확률을 통해 각 기능의 품격 내지 고도화 정도를 측정하는 것으로, 기능 계열에 관계없이 출현 특성에 따라 수치로 파악된다. 따라서 서로 다른 종류의 기능들 간의 기능고도화 정도 차이를 나타내는 가중치 형태로도 사용될 수 있을 것이다.

$$N_{jz} = A_j + FQ_j \log P$$

N_{jz}: 해당 시점의 각 도시별 j기능의 기능수(정규화)

P: 해당 시점의 각 도시별 인구

FQ_j: j기능의 해당 시점의 기능고도화도

앞서 고찰한 바와 같이, 관계식에 있어 존재하는 계수 FQ의 값을 서로 다른 기능들 간의 기능고도화 정도를 반영하는 지표로 활용하기로 한다.

(3) 고용중심성지수모형의 작성

앞서 고찰한 두 가지의 보완은 해당 도심의 중심성의 총계에 있어 각 기능별 가중치의 형태로 쓰이게 된다. 이를 적용한 중심성지수를 '고용중심성지수'[104]로 칭하기로 할 때, 이 지수의 개념은 다음과 같다.

$$고용중심성지수 = \sum (기능의희소도 \times 기능의총계 \times 고용규모비 \times 기능도심성)$$

이를 다시 수식으로 표현하면 다음과 같다.

$$EC_i = \sum_{j}^{N} Aij \times Cf(j) \times ES_{ij} \times FQ_j$$

---

104) 주로 기능의 총계를 통해 산정되는 기존의 중심성지수에 비해 종사자수를 주요 변수로 했다는 점에서 이렇게 칭하기로 한다.

EC_i: i도심의 전체 고용중심성

Aij: i도심 내 j기능의 총수

Cf(j): 해당 도시지역 내에서 j기능의 입지계수(희소도)

ES_{ij}: i도심 내 j기능의 고용규모비

FQ_j: j기능의 해당 시점에서의 기능고도화도

여기서 위의 모형이 적용된 최종적인 중심성지수를 판단하기 이전에, 각 가중치가 포함되는 과정을 3단계로 나누어 살펴보고자 한다.

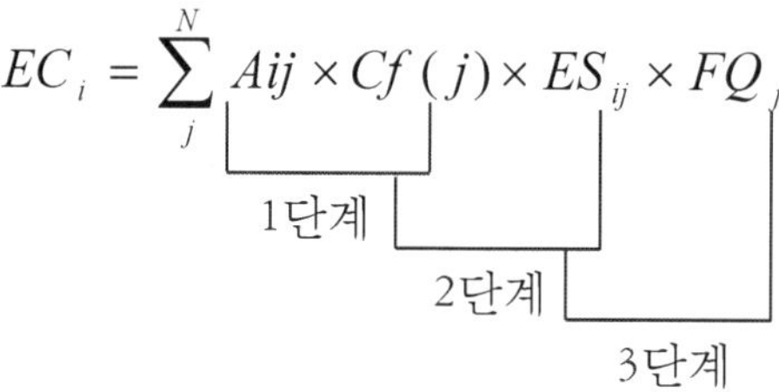

$$EC_i = \sum_j^N Aij \times Cf(j) \times ES_{ij} \times FQ_j$$

여기서 '고용규모비'나 '기능고도화도'가 포함되지 않은 1단계의 지수모형은 앞서 본 Davies의 지수모형과 동일하며, 모든 중심지의 중심성은 그 기능구성에 있어 연속선상에 있으므로 기능의 '총계'만으로도 중심성을 측정할 수 있다는 가정하의 중심성지수이다. 이러한 중심성지수는 앞서 고찰한 바와 같이, 기능이 세분화되지 않은 초기단계의 중심지 체계에서 적용되기에는 무리가 없다.

그러나 중심지의 대상이 되는 시장이 보다 넓어지게 되면, 우선적으로 동일한 종류의 기능 간에서도 규모 차이가 크게 나타나면서, 명목상 동일한 기능임에도 그 유입특성이나 영향력에서는 크게 차이가 나타나는 경우가 발생하게 된다. 이런 경우에는 기능의 양적 측면만이 아닌 동일한 기능 간의 규모 차이가 고려된 새로운 중심성 측정모형이 필요하게 되며, 2단계에서는 '고용규모비'를 가중치로 추가함으로써 이러한 점이 고려될 수 있게 된다. 여기서 중심지가 더욱더 확장되어 다양하고 세분된 기능들이 출현하게 되면, 규모상으로 동일한 기능일지라도 그 기능의 '고도화 정도'의 차이가 분명하게 나타나는 상황이 발생한다. 이 경우에는, 기능들 간의 양적인 차이, 규모상의 차이 외에도 다시 일종의 '질적인 차이'에 대한 가중치가 필요하게 되며, 이러한 질적인 차이를 반영할 수 있는 '기능고도화도'가 적용된 3단계의 지수모형이 필요하게 된다. 즉, 고용중심성 모형에서 가중치가 추가되는 이 3단계는 결국 중심지의 기능이 다양하고 세분화됨에 따라 그 중심성을 측정하기 위해 필요한 새로운 변수가 추가되는 과정과 일치한다고도 볼 수 있다.

이처럼 3가지 단계로 구분되는 중심성지수를 3핵도심에 모두 적용하여 살펴봄으로써 서로 다른 관점의 중심성지수가 각 도심별로 어떤 분포를 나타내고 있는가를 살펴보고자 한다. 이를 통해서, 각 도심부가 중심지의 확장 및 발전단계에 있어서 어떤 특성을 가지고 있는가를 보다 분명히 고찰할 수 있을 것이다.

3) 3핵도심의 고용중심성 변화 추이

(1) 단계별 지수 변화 추이

• 1단계 지수를 통한 변화 추이 비교

서울의 3핵도심들 간의 중심성을 비교하기 위해 위의 고용중심
성지수를 앞서 구분된 3핵도심권의 25개 행정동을 대상으로 하여
적용하였다. 우선, 1단계의 중심성지수모형(Davies 중심성지수)을
적용한 결과치의 추이는 다음과 같다.

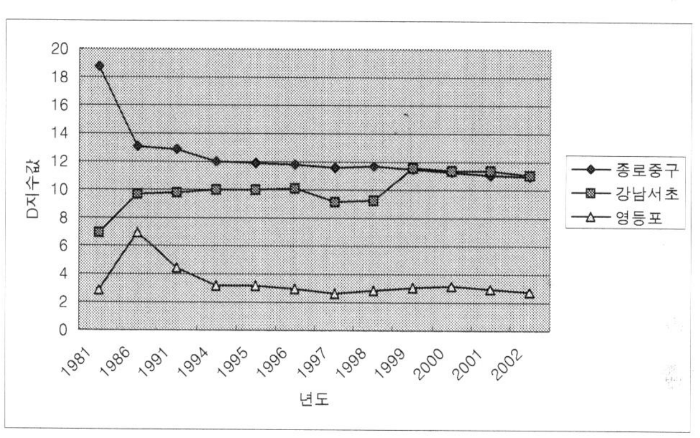

그림 4-2 1단계 지수의 연도별 추이

1단계 중심성지수는 각 도심에 집적되어 있는 기능의 총수 및
각 기능의 희소도만으로 중심성을 측정하는 지수이다. 연도별 변화
추이를 살펴보면, 우선 1980년대에 18.7의 중심성지수값을 보이는
종로/중구도심이 각각 6.98과 2.83의 값을 나타내는 강남/서초도
심 및 영등포도심에 비해 월등한 수치를 나타내며 제1도심의 지위

를 확보하고 있던 것으로 나타난다. 그러나 이러한 중심성의 차이는 1980년대 중반 이후 급격히 줄어들기 시작하며, 1990년대에 들어서서는 약 11.5의 값을 보이는 종로/중구도심과 9.8의 값을 보이는 강남/서초도심이 그 중심성지수값에 있어서 거의 근사한 단계를 나타내고 있다. 또한 경제위기 발생 당시인 1997년경에 강남도심의 중심성지수값이 0.9 하락하면서 잠시 나타났던 차이는 1998년 이후 다시 줄어들기 시작하여, 1999년 이후로는 약 0.1 정도의 차이로 강남/서초도심이 종로/중구도심을 그 중심성에서 추월한 것으로 나타난다.

이러한 변화 추이에서는 두 가지 주목할 점이 있다. 첫째는, 서울의 명목상의 도심체계 구분과는 관계없이, 중심성지수값의 추이로 볼 때 서울은 1990년대 중반 이후, 사실상 종로/중구도심과 강남/서초도심이 서로 근접하는 단계로 접어들었다는 점이다. 이런 점에서 볼 때, '1주도심 - 4부도심'으로 알려진 명목상의 서울 도심체계는 주 도심에 근접한 강남/서초도심의 영향력을 여타 부도심과 동일한 위계로 본 데서 현실과는 상당한 차이를 보인다고 할 수 있다. 위의 중심성 추이만으로 판단한다면, 서울의 현재 도심체계는 2개의 경합하는 주 도심과 1개의 부도심으로 구분된다고 보아야 할 것이다.

변화 추이에서 주목해야 할 두 번째는, 3핵도심의 중심성지수값의 총계가 1990년대 이후로 매우 일정하게 나타난다는 점이다.

표 4.1 3도심의 1단계 중심성지수 총합의 연도별 추이

년 도	3도심 지수 총합	년 도	3도심 지수 총합
1981	28.539	1997	23.337
1986	29.693	1998	23.798
1991	27.017	1999	26.029
1994	25.109	2000	25.848
1995	25.030	2001	25.344
1996	24.821	2002	24.709

[표 4.1]에서 살펴보면, 1981년에는 28.5 이상이던 3도심의 중심성지수 합계가 1994년 이후에는 25 전후에서 안정되기 시작하여, 경제위기 시기인 1997 - 1998년에 일시적 감소가 일어난 점을 제외하면 전반적으로 안정되어 있음을 알 수 있다. 여기에서 짐작할 수 있는 바는, 서울의 3핵도심이 분화되고 주 도심에 대한 집중이 줄어들면서 안정기에 들어선 이후에는 이들 3도심이 전체 도시 내에서 차지하는 기능적인 비중이 매우 일정하였다는 점이다. 즉, 현재 서울의 도심체계는 새롭게 조성된 도심들 간의 상호작용과 변동과정이 마무리되면서 일종의 안정기에 접어든 상태가 되었다고 생각해 볼 수 있다. 이처럼 안정된 3핵도심의 비중은 특별한 정책적인 변화나 변동요인이 발생하지 않는 경우 앞으로도 상당기간 현재의 상태대로 유지될 가능성이 큰 것으로 볼 수 있을 것이다.

• 2단계 지수를 통한 변화 추이 비교

2단계 지수의 연도별 추이는 위의 1단계의 추이와 비교하여 각 도심별로 고용 규모가 고려되는 단계로, 가장 주목할 만한 점은 우선 중심성지수에 있어서 강남 / 서초도심의 종로 / 중구도심 추월 현상이 두드러졌다는 점이다.

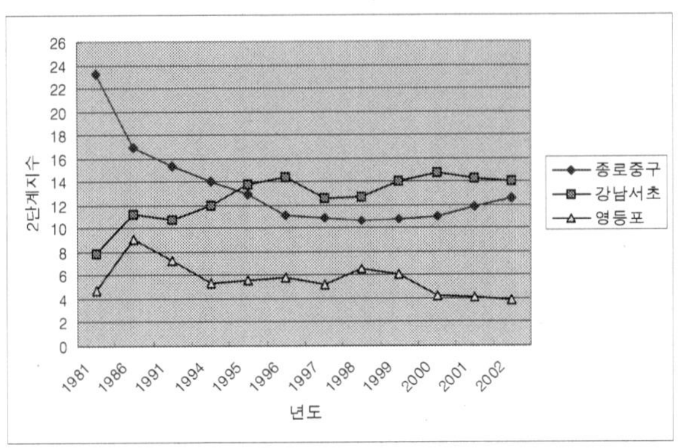

▍**그림 4-3**▍ 2단계 지수의 연도별 추이

1단계 지수의 적용 값 추이에서는 1999년부터 종로 / 중구도심과 강남 / 서초도심이 경합양상을 보이기 시작한 것에 비해, 2단계 지수에서는 그 추월시점이 1994년에서 1995년 사이로 앞당겨지고 있으며, 그 격차도 1단계 지수에 비해 커져서 2000년도에는 전체 중심성지수의 45%에 해당하는 3.749에 이르렀다.

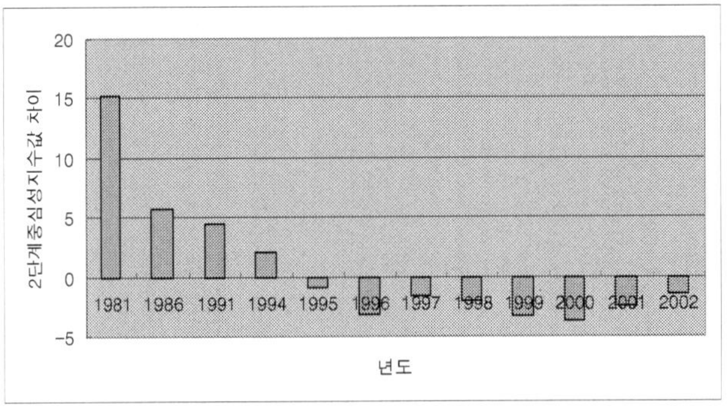

▍**그림 4-4**▍ 종로 / 중구도심과 강남 / 서초도심간 2단계 지수 격차의 변화

이를 해석하자면, 우선 강남/서초도심이 전체 기능의 수에 있어서는 종로/중구도심과 경합적인 상태에 있지만, 동일한 기능들 간의 규모의 변수에 있어서는 종로/중구도심에 비해 높은 분포를 보이고 있다는 점을 지적할 수 있다. 또한 1단계의 지수 비교를 통해서는 양 도심이 경합상태에서 균형을 이룬다고 볼 수 있었으나, 2단계 지수의 비교를 통해 볼 때는 사실상 강남/서초도심이 제1순위 도심의 위치에 올라섰다는 판단도 가능하다.

이에 비해, 영등포도심의 경우 1단계 지수값 추이에 비해 위의 두 도심과의 격차가 많이 줄어든 것으로 나타나는데, 이는 영등포 도심에 집중한 기능들이 서울의 여타 지역이나 다른 도심에 있는 동일 기능보다 평균적으로 큰 규모로 존재하고 있음을 의미한다. 영등포도심은 1단계 지수에서와 마찬가지로 1986년도의 정점을 제외하고는 1990년대 들어 매우 안정된 추세를 나타내고 있으며, 그 변동 폭이 크지 않다.

전체적인 경제상황의 흐름과 더불어 주목할 만한 점은, 1997년도의 경제위기시점에서의 하락추세가 3도심에 있어 서로 다르게 나타난다는 점이다. 그 하락폭은 강남/서초도심(1.83 하락)이 제일 크고, 영등포도심(0.61)과 종로/중구도심(0.24)의 순으로 나타나고 있다. 이는 경제위기로 인한 전체적인 고용 규모 감소의 폭이 강남/서초도심이나 영등포도심에 비해 종로/중구도심에서 작았다는 의미로, 전반적으로 기능당 평균적인 고용 규모가 작은 종로/중구도심이 상대적으로 경제위기 당시의 고용감소 폭도 작을 수 있었던 것으로 추정할 수 있다.

• 3단계 지수를 통한 변화 추이 비교

기능고도화도변수를 적용한 3단계의 경우도 마찬가지로 1994－
1995년경에 강남/서초도심이 종로/중구도심을 추월한 것으로 나
타나고 있으며, 종로/중구도심은 지속적으로 감소하다가 2순위로
내려온 것으로 나타나고 있다. 3단계의 변화 추이에서 주목되는
점은, 2단계에서보다 영등포도심의 중심성이 크게 증대되고 있다
는 점이다. 이는 영등포도심이 주로 금융 및 증권 관련 업종, 방송
서비스 등 미디어와 관련한 기능 등, 기능고도화도가 높은 기능들
로 구성되었기 때문인 것으로 판단할 수 있다.

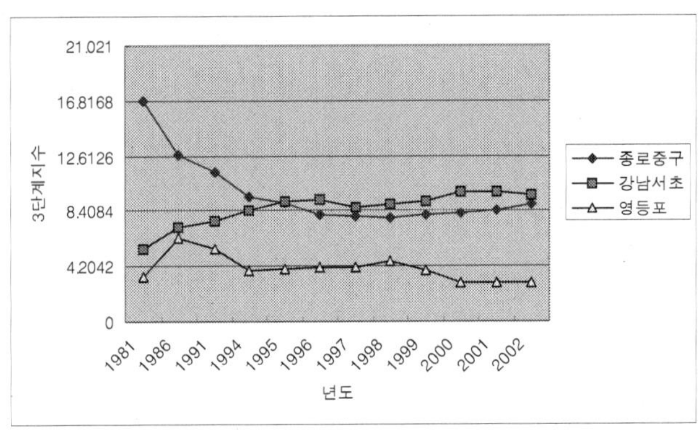

║그림 4-5║ 3단계 지수의 연도별 추이

• 단위기능당 중심성 기여 정도 비교

각 도심지역별로 나타나는 단위 기능의 규모 요소가 클수록, 기
능고도화 정도가 높을수록 그 기능이 중심성에 기여하는 정도는
증대된다고 볼 수 있다. 이런 점에서, 단위 기능별로 나타나는 중
심성에 대한 '기여도'라는 개념을 생각해 볼 수 있다.

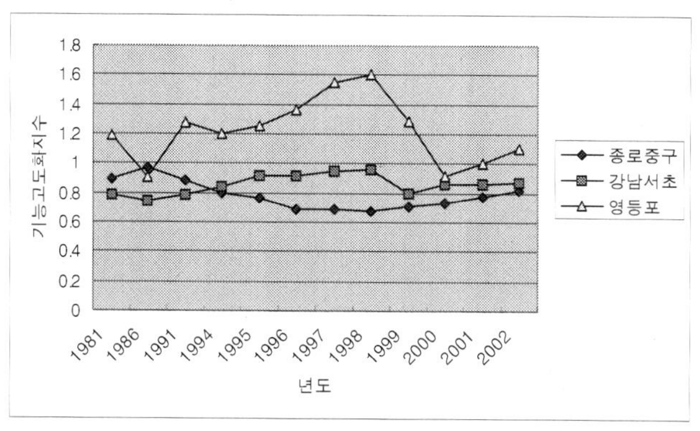

그림 4-6 3핵도심 내 단위기능의 중심성 기여도의 연도별 추이

이러한 기여도를 계산하기 위해, 3단계에서 산출된 지수값을 다시 1단계의 지수값으로 나눈 값의 추이를 살펴본 결과는 <그림 4-6>과 같다. 1단계는 순수하게 업종들의 '수적인 분포'로만 계산된 중심성 값으로, 3단계 지수값을 이로 나눌 경우, 각 도심이 보유한 단위기능이 해당 도심의 위계에 기여하는 정도를 나타내게 된다. 이러한 값을 '단위기능별 중심성 기여 정도'로 칭하기로 할 때, 그 추이는 위의 그래프와 같이 나타난다. 예상한 바와 같이, 영등포도심이 여타 도심보다 월등히 높은 분포를 보이고 있으며, 종로도심의 경우는 1990년대 후반까지 계속적인 하락 추세를 보인다. 그러나 3도심 간의 차이는 전체적으로 줄어드는 방향으로 나타나고 있는데, 이는 각 도심이 초기에는 각기 특정 기능으로 특화된 경향이 강하다가, 후에 점차 종합적인 도심 기능구조로 발전해 간 경향과 관계가 있다고 볼 수 있다.

• *변화 추이에 대한 종합*

앞서 1-3단계의 지수 변화 추이를 통해 가장 분명하게 드러나는 부분은 종로/중구도심의 위계상 하락현상과 강남/서초도심의 1순위 도심으로의 상승 경향이다. 이에 비해 영등포도심의 경우 1980년대 후반의 급상승 이후 계속 기능의 수적인 변화나 규모, 구성상의 변화가 크지 않은 가운데 3순위의 도심으로서 안정된 상태로 유지되었다고 볼 수 있다.

종로/중구도심이 수적으로 가장 많은 기능을 집중시키고 있고, 여전히 주 도심으로서의 인식을 가지고 있으며, 지리적 중심성에서도 가장 우세함에도 불구하고 실질적인 기능의 중심성에 있어서는 2순위로 하락하게 되는 변화를 보인 것은 결국 종로/중구도심을 구성하는 기능들이 그 규모와 기능고도화도의 차원에서 급격히 쇠락하였기 때문인 것으로 볼 수 있다. 이러한 차이는 다음의 1995년과 2000년에 측정된 기능고도화도 1-10순위 기능들이 3도심 내에 분포하는 정도를 비교한 그래프에서 보다 확실히 살펴볼 수 있다.

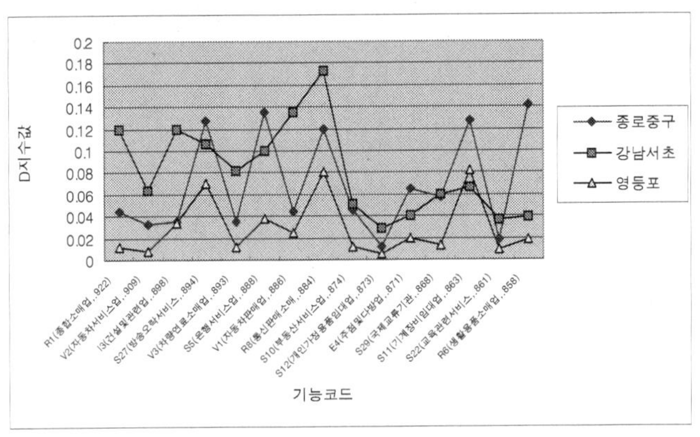

‖**그림 4-7**‖ 기능고도화도 상위 15개 기능의 1단계(Davies)
지수값 분포(1995년, 왼쪽이 높은 순위)

위의 그래프에서 나타나듯이, 도심성에서 상위 15개를 이루는 업종은 1995년의 경우 '종합소매업(R1)', '자동차서비스업(V2)', '건설및관련업(I3)', '방송및오락관련서비스산업(S27)', '차량용연료소매업(V3)', '은행서비스업(S5)', '자동차판매업(V1)', '통신판매소매업(R8)', '부동산관련서비스업(S10)', '개인및가정용품임대업(S12)', '주점및다방업(E4)', '국제교류관련기관(S29)', '기계장비관련임대업(S11)', '교육관련서비스업(S22)', '각종생활용품소매업(R6)'이다. 이 중 강남 / 서초도심은 모두 11개 업종에서 1순위의 Davies 지수[105]를 나타내고 있다. 특히 1 - 3순위 업종에서 강남 / 서초도심의 비율은 매우 높은데, 종로 / 중구도심은 강남 / 서초도심의 37%, 영등포도심은 17%에 불과해, 기능고도화도가 높은 기능들에서 강남 / 서초도심의 비중은 절대적으로 높은 것으로 나타났다. 15개 상위 업종 전체의 Davies 지수 분포에 있어서도 종로 / 중구도심과 영등포도심의 지수값은 강남 / 서초도심의 지수값에 대해 각각 85%와 35%에 불과하였다.

기능고도화도 상위 업종에 대한 강남 / 서초도심의 점유비는 2000년에는 더욱 높아진다.

---

105) 여기서 Davies 지수를 활용한 이유는, 기능고도화도가 높은 15개 업종별로 단지 기능총계상의 순위를 파악하기 위해서 이다.

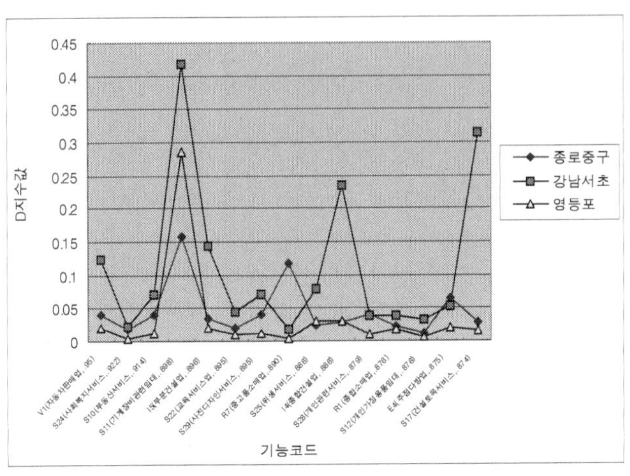

그림 4-8 기능고도화도 상위 15개 기능의 1단계(Davies) 지수값 분포
(2000년, 왼쪽이 높은 순위)

2000년 기능고도화도의 상위 15개 업종은 1995년에 비해서 서비스
업 계열(S*) 대폭 늘어나서 '자동차판매업(V1)', '사회복지관련서비스업
(S24)', '부동산관련서비스업(S10)', '기계장비관련임대업(S11)', '부분건설
업(I5)', '교육관련서비스업(S22)', '사진디자인등기타서비스업(S20)', '중고
품소매업(R7)', '위생관련서비스업(S25)', '종합건설업(I4)', '기타개인관련
서비스업(S28)', '종합소매업(R1)', '개인및가정용품임대업(S12)', '주점및다
방업(E4)', '건설및토목관련서비스업(S17)'들로 구성되어 있으며, 이 중 12
개 기능에 있어서 강남/서초도심이 1순위의 Davies 지수값을 나타냈다.

표 4.2 기능고도화도 상위 15개에 대한 Davies 지수값 분포(강남/서초도심을 기준으로)

	1995년	2000년
종로/중구	0.11274 (85%)	0.68915 (41%)
강남/서초	1.21766 (100%)	1.70158 (100%)
영등포	0.43486 (35%)	0.49858 (29%)

15개 업종 전체에 대한 Davies 지수값의 분포에서는 1995년에 비해서 더욱 차이가 커져서, [표 4.2]에서와 같이 종로/중구도심의 강남/서초도심에 대한 백분위 비율은 1995년보다 44%가 감소된 41%에 불과하였으며, 영등포도심의 경우 역시 6% 하락한 29%에 그쳤다.

기능고도화도 상위 분포 기능에서의 변화는 다음과 같이 정리할 수 있다. 우선, 강남/서초도심지역에서 특히 기능고도화도가 높은 서비스계열 기능의 입지가 많아지면서 여타 두 도심에 비해 월등한 지위를 가지게 된 것으로 판단된다. 이에 비해 종로/중구도심의 경우 강남/서초도심을 기준으로, 1995년 85%에서 2000년에는 불과 41% 수준에 그친 것에서 알 수 있듯이, 기능고도화도상의 쇠퇴가 극심하게 나타난다. 종로/중구도심에서 높은 순위를 차지하는 기능을 살펴보면 주로 도매업계열(W*)과 제조업계열(M*)에 속한 기능들이 많으며, 이들 중 대표적인 기능들은 '가정용품도매업(W3)', '인쇄및출판업(M7)', '산업및건축자재도매업(W6)', '산업및업무용기자재도매업(W7)' 등이다. 이에 비해 강남/서초도심지역에서 강세를 보이는 업종들은 대부분 서비스업계열(S*)들로서, '사업관련컨설팅업(S16)', '컴퓨터및정보처리관련서비스업(S13)', '기계장비관련임대업(S11)', '법무회계관련서비스업(S15)' 등, 기능고도화도가 높은 기능들이 대부분이다.

표 4.3 양대 도심에서 입지강도가 높은 대표적 기능들

종로 / 중구도심	강남 / 서초도심
− 가정용품도매업(W7)	− 사업관련컨설팅업(S16)
− 인쇄및출판업(M7)	− 컴퓨터및정보처리관련서비스업(S13)
− 산업및건축자재도매업(W6)	− 기계장비관련임대업(S11)
− 산업및업무용기자재도매업(W7)	− 법무회계관련서비스업(S15)
− 석유에너지관련제조업(M8)	− 연구개발관련업(S14)

전체적으로 볼 때, 종로/중구도심의 경우 도매업계열(W*), 제조업계열(M*)의 업종에서 높은 지수값을 보이는 반면, 강남/서초도심은 주로 서비스계열(S*)의 업종에서 강세를 보이고 있어 기능고도화도의 차이의 주요한 원인이 되었다고 할 수 있을 것이다.

(2) 기존 연구결과와의 비교

• 기존 도심체계 연구결과 종합

다음의 표는 기존의 서울 도심체계 관련 연구에서 서울의 도심체계에 대하여 내린 결론들을 요약 한 것이다.

표 4.4 서울 중심지 체계 결과비교(김창석, 우명제, 2000. p.3, 재구성)

지 표	분석방법	연구 사례	도심체계 정의
	고용밀도	– Green('80) – McDonalds('87)	
	고용자수	– Dunphy('82) – Erickson('86) – 이주희('85)	
	고용밀도 / 고용자수	– 송미령('96)	4개핵: 도심, 마포, 여의도, 강남 2고용중심지: 영등포 – 구로, 동대문
		– McDonalds, McMillen('90) – Giuliano, Small('91)	
유발통행량	단위면적별 통행량	– 전명진('95)	6부도심: 강남, 영등포, 마포, 제기 1동, 답십리5동, 송파
		– Gordon, et. Al.('88) – Gordon & Richardson('96)	
사무실	단위면적당 사무실연상면적	– 송미령('96) – Leinberger & Lockwood('86) – Garreau('87) – Cervero('89)	
지가	단위지역 최고지가	– 김수령('92)	
		– 이현욱('96)	4부도심: 강남, 잠실, 영등포, 신촌
		– 채미옥('97)	3부도심: 강남, 영등포, 청량리

지 표	분석방법	연구 사례	도심체계 정의
기타	상업집중지수	– 김인, 김기혁('81)	5계층 상업중심
	통근자밀도	– 하성규, 김재익('92)	7부도심: 용산, 동청량리, 신촌, 여의도, 영등포, 구로, 강남
	고용자수 / 지가 / 도심기능변수	– 이주희('85)	4부도심: 영등포, 청량리, 신촌, 여의도, 영등포, 구로, 강남
		– 김수령('92)	6부도심: 영등포, 강남, 신촌, 청량리, 잠실, 남영동
	밀도경사법 (인구 및 고용)	– 권용식('98)	2부도심: 영등포, 강남
		– Gordon, et. Al.('86)	
본 연구	고용중심성		2개의 경합적 주 도심, 1부도심

위의 표에서 볼 수 있듯이, 기존의 서울 도심체계에 대한 연구 결과는 두 가지 경향을 나타내고 있다. 첫째 경향은 교통유발량이나 지가, 각종 밀도 관련 지표 등 주로 간접적인 지표에 의한 접근이 많았다는 점이다. 둘째는, 도심지역이 갖는 중심성에 대한 시계열적인 고찰보다는 특정 시점에서의 도심의 공간적 분포, 특히 부도심의 분포에 집중하였다는 점이다. 또한 사용한 지표에 따라 보통 5~7개의 부도심이 존재하는 것으로 보고 있으나, 여기서 부도심은 주로 행정동을 단위로 본 것으로, 이 연구의 방법론과는 많은 차이가 있다.

• *기존 연구와의 비교*

전반적으로 기존 연구의 결과들은 이 연구의 서울 도심체계에 대한 판단과는 매우 다르게 나타났다. 크게 보아서, 종로 / 중구도심을 주 도심으로 인정하고, 영등포도심이 부도심 중 우월한 위치에 있다고 판정하는 점에서는 이 연구에서의 판단과 대략적으로 일치하는 반면, 가장 차이가 나는 곳은 강남 / 서초도심의 영향력에 대한 부분이다.

1990년대 이전의 연구에서는 물론, 그 후의 연구에서도 강남/서초도심이 5 - 6개 이상의 부도심 중 하나로 정의되고 있어 이연구와 큰 차이를 나타내는데, 이는 두 가지 점에 기인하고 있는 것으로 판단된다. 첫째는 교통량이나 지가 등의 간접적인 지표가 가지는 특성 때문이다. 교통량과 관련하여 중심성을 판별한 대표적인 사례인 전명진의 연구와 비교해 보면 이런 차이가 잘 드러난다. 이 연구에서는 Gordon이 제안한 '통행밀도(총통행유발량/행정동면적)'[106]를 표준화한 값이 0.8 이상인 행정동을 부도심으로 판정하고 있으며, 이 통행밀도 값의 상위 18개 행정동이 모두 종로/중구도심에 포함되어 있고, 강남구의 경우, 단 2개의 동이 포함된 것으로 나타나 있다. 이는 1991년 시점에 이미 강남도심의 중심성이 종로/중구도심의 수준에 거의 근접하고 있어 1도심과 동등한 영향력 수준을 보였던 것으로 나타난 이 연구의 결과와는 매우 다른 결론이다.

이러한 차이의 가장 큰 이유로는, 도심 기능이 발휘하는 실질적인 영향력과 유발 교통량이 반드시 일치하지는 않는다는 점을 먼저 생각해 볼 수 있다. 예를 들어, 소매업 및 도매업과 같은 기능은 직접적인 왕래를 통해야 하는 특성상 많은 직접적 교통유발량을 가지는 것으로 알려진 반면, 서비스 관련 기능들의 경우에는 그에 비해 직접적인 교통에 의존하는 정도가 낮아, 교통유발량도 상대적으로 적을 것으로 짐작할 수 있다. 그러나 이 두 기능들 간의 영향력의 차이가 그 교통유발량과 정비례한다고 보기는 어려우

---

106) 전명진, 1996, p.35.

며, 오히려 고차 서비스기능이 가지는 영향력이 더욱 더 커지는 경향을 볼 수 있었다. 즉, 교통량 유발과 같은 변수는 중심성의 2차적이고 간접적인 변수로서, 도심 간의 기능적인 구성과 그 변화에 따른 차이를 반영하지 못하여, 도심의 실제 영향력을 반영하는 데 있어서는 문제가 있을 수 있다.

두 도심지의 공간 패턴 내지 토지 이용상의 차이도 그 원인으로 볼 수 있다. 내부 상주인구가 매우 적어 거의 모든 통행이 외부로부터 유발되는 종로/중구도심과 그 내부에 대규모 상주인구를 포함하고 있는 강남/서초도심은 그 교통발생 패턴 자체가 다르게 나타날 수밖에 없다. 실제로, 최근에 조사된 '생활권별 교통발생량 조사'[107]에서도 종로/중구도심은 여전히 강남/서초도심보다 높은 교통유발량을 보이는 것으로 나타나기도 하였다.

또 한 가지 중요한 이유로는, 강남/서초도심을 단일한 도심지역으로 인정하지 않는 기존 연구의 인식상의 경향을 지적할 수 있다. 강남지역과 서초지역은 선형적으로 연결된 하나의 단일한 중심지로 볼 수 있으나, 대부분의 기존 연구에서는 행정구역이 다른 이유로 인해 서로 다른 지역으로 인식하는 경우가 많았다. 살펴본 8개의 기존 연구 대부분에서 종로/중구도심을 제1순위 도심으로 인정한 후, 그 외의 모든 부도심은 각 행정동 단위로만 파악하는 방식을 택했다. 이처럼 중심지를 행정구역 단위로 구분하는 것은 일종의 연구방법상의 오류가 될 수 있는데, 제1도심인 종로/중구도심 역시 실제로는 2개 행정구, 10개 행정동으로 구분되는 도심

---

107) 경기개발연구원, *수도권의 지역구조 및 생활권 분석과 개편전략 연구*, 경기개발연구원, 2002.

이기 때문이다. 따라서 하나의 도심인가 또는 여러 개의 도심인가의 여부는 행정구역상의 구분이 아니라 해당 지역의 공간적·기능적 연계여부에 따라 판단될 필요가 있다. 강남 / 서초도심은 과거 3핵도심 재편에 의해 정책적, 계획적으로 하나의 도심으로 조성되었을 뿐 아니라, 공간적 / 기능적으로 볼 때에도 강남구의 테헤란로와 서초구의 서초로, 그리고 이에 교차하는 양재대로는 하나의 연속적인 선형적 중심지를 구성하고 있다. 그러나 제시된 8개 기존 연구에서는 이처럼 강남 - 서초가 연결된 하나의 도심으로 인정하지 않고, 서로 분리된 별개의 중심지로 인식하고 있으므로 그 중심성 및 영향력이 종로 / 중구도심이나 기타 부도심에 비해 낮게 평가될 수밖에 없다.

이처럼, 강남 / 서초도심을 별개의 중심지로 구분하는 경향은 이 연구의 판정과 차이를 나타내는 가장 큰 이유로 볼 수 있다. 행정구역으로 구분된 지역들을 별개의 도심으로 보는 경향은 '도심의 확장'을 '다핵화 현상'과 혼동하게 하는 결과를 가져올 수도 있다. 기존의 도심부와 접한 지역의 중심성이 높아지는 현상은 새로운 독립적인 중심지의 조성이기보다는 기존 도심이 확장되는 현상으로 보는 것이 더 타당하다. 그러나 기존의 연구들에서는 이를 또 다른 부도심으로 간주하여 '서울의 다핵화현상'으로 해석한 경우도 있었다.

전체적으로 볼 때, 기존 연구는 주로 간접적인 변수들을 통해, 주로 행정동 단위로 부도심의 영향력을 측정하는 데 집중하였으며, 이러한 과정에서 서울 도심체계의 근원인 '3핵도심체계'가 확장하고 변화하는 과정을 본질적으로 파악하는 데 있어서는 취약했다고 판단된다.

(3) 고용중심성 추이에 대한 해석

중심성지수의 변동 추이를 볼 때 3핵을 중심으로 출발한 서울의 도심체계는 1970 - 1980년대의 변동기를 거쳐 1990년대 이후로 안정기에 접어든 것으로 보인다. 서울의 확장과 함께 두 개의 도심이 추가로 조성된 후 상당기간 도심의 기능구성이 불안정한 변동 상태에 있었고, 이에 따라 도심 간에 중심성이 이동하면서 빠르게 변화하여 왔으나, 1990년대 이후 강남 / 서초도심의 성장이 마무리되면서부터 도심의 기능체계가 균형 양상을 보이고 있는 것으로 판단된다.

이러한 3핵도심 간의 기능적 균형은, 전반적으로 기존의 제조업 및 도매 관련 기능은 도심인 종로 / 중구도심을 중심으로 유지되어 온 반면, 새롭게 출현하는 서비스 관련 기능들은 주로 강남 / 서초도심을 중심으로 특화하는 방식으로 이루어졌다는 점을 파악할 수 있었다. 영등포도심의 경우에는 그 기능적 구성상의 변동이 비교적 작은 편이었으며, 중심성 역시 큰 변화가 없이 3순위의 도심을 유지하는 형태로 유지되어 왔다. 전반적으로 볼 때, 종로 / 중구도심과 강남 / 서초도심은 기능적인 상호작용과 함께, 주도심인 종로 / 중구도심의 우위가 점차 강남 / 서초도심으로 이동하는 방식으로 변화를 보여 왔으며, 이러한 가운데, 영역과 기능구성이 제한된 영등포도심은 상대적으로 변화가 적었던 것으로 판단할 수 있다.

도심들의 기능구성관계가 이처럼 균형을 잡아 온 결과, 종로 / 중구도심의 경우 1980년대 이전부터 존재해 온 비교적 고용 규모가 작고 기능고도화도 역시 낮게 평가되는 업종들 위주의 기능구성을 가지게 된 반면, 강남도심의 경우에는 1980년대 후반 이후에 본격적으로 분화되기 시작한 각종 서비스계열의 업종, 그리고 1990년대 이후 성장한 각종 전산 및 정보관련서비스업, 컨설팅 관련 서비스업, 법무회계 관련 서비스업 등이 중심이 되는 기능구성을 나타내게 된다. 이러한 결과, 각 도심별 기능구성 간에는 고용 규모 및 기능고도화도상의 차이, 즉 질적인 차이가 발생하게 되었다. 이로 인해 기능의 양적인 측면에서는 종로/중구도심이 아직도 우세함에도 그 전반적인 중심성은 약화될 수밖에 없던 것으로 보아야 할 것이다.

결론적으로, 서울의 도심체계는 그 기능구성의 관점에서 볼 때, 종로/중구 주도심의 시대를 벗어나, 강남/서초도심을 중심성 1순위도심으로 하는 시기로 전환하고 있는 것으로 판단한다. 또한 이러한 추세는 1990년대 이후에는 3도심의 중심성지수 분포와 그 기능적 변화가 안정되어 가고 있다는 사실, 그리고 강남/서초도심이 성장이 기능의 단순한 집중보다는 고도화된 도심기능의 집중, 즉 기능의 질적인 성장에 의한 것이라는 사실로 볼 때, 근원적인 변화요인이 없는 한 앞으로도 장기간 지속되는 상황으로 볼 수 있을 것이다.

또한 주목해야 할 점은 이들 3핵도심은 서울의 중심지 체계에 있어 여타 부도심지들보다 독특하고 우월한 위계에 있다는 점이다. 3핵도심부는 전체적인 순중심성 분포에서 여타 지역들과 적대적인 차이의 그루핑 성향을 나타내었으며, 전체 중심성 분포에 있어서도 일정하고 높은 비중을 유지하는 것을 볼 수 있다. 즉, 3핵도심은 각각이 개별적인 도심이면서, 한편으로 서울이라는 공간구조 속에서 전체가 하나의 단일한 '기능적 체계'로 작용하고 있다는 평가가 가능하다. 따라서 3핵도심의 중심성 분포에 변화가 발생한다 하더라도, 그 변화는 이들 3핵도심체계가 차지하는 일정한 중심성이 그 내부에서 이동하는 방식으로 일어날 것이며, 다른 저차위 중심지로 이동하여 3핵도심 전체가 약화되는 방식으로는 일어나지는 않을 것이라는 추측을 할 수 있다. 공간적으로는 분리되어 있는 3핵도심이지만, 그 전체가 하나의 유기적인 기능체계로서 정착되어 온 것이다.

결국 서울의 3핵도심에서의 중심성 변화양상은 '중심성의 내부적 이동현상'으로 표현할 수 있을 것이다. 또한 앞으로도 특별한 공간구조상의 급격한 변동이 일어나지 않는 한, 이들 3핵도심의 중심성은 다른 외부의 중심지로 이동하거나 소멸하지 않고 계속 안정되어 있을 가능성이 크다고 판단된다.

4) 중심성의 공간적인 분포

중심성의 분포 패턴을 보다 넓은 관점에서 살펴보기 위해서, 여기서는 3핵도심만이 아닌 전체 서울지역의 행정구역별 중심성 분포 패턴을 살펴보기로 한다. 또한 중심성을 다시 각 기능계열별 중심성으로 나누어, 각 기능계열별 중심성의 공간적 분포 패턴을 살펴보기로 한다.

(1) 행정구역별 중심성 분포

92개로 구분된 세부 기능들을 다시 그 계열로 구분하여 각각의
계열별 중심성을 구하였으며, 이에 각 계열별 중심성의 도심 및
도시 전체 분포상황을 2002년을 기준으로 하여 살펴보았다.

• 각 행정구별 중심성 분포

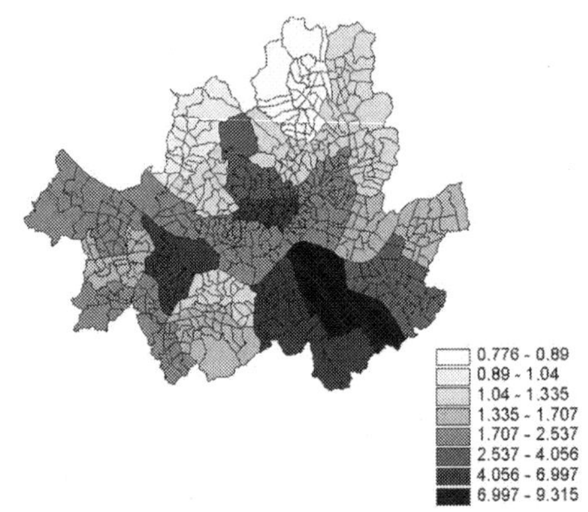

▎그림 4-9▎ 각 행정구별 중심성 분포(2002년)

각 행정구의 단위로 그 중심성을 측정해 본 결과, 3핵도심을 보유
하는 구 중에서도 강남구가 가장 높은 9.315의 값을 나타내었으며,
3핵도심 경계 밖의 송파구도 3.23의 높은 값을 나타내어서, 여타 도
심보유 행정구와 같은 수준의 중심성을 보이고 있다. 주목할 점은,
종로구와 중구, 영등포구의 경우, 전체 행정구 차원에서의 중심성은
강남구 및 서초구보다 상당히 낮은 분포를 나타내고 있다는 것이다.
이는 강남구와 서초구의 경우 3핵도심에 해당하는 부분뿐 아니라
전 지역이 비교적 고르게 높은 중심성을 보유한다는 점을 의미한다.
반면, 종로구나 영등포구는 해당 지역의 도심부분은 높은 중심성을

가지고 있으나 전체로는 분포 편차가 크기 때문에 중심성 순위에서 하위권을 이루는 것으로 볼 수 있다. 또한 강남 / 서초도심과 주변부는 전체적으로 중심성이 고르게 분포하고 있어서, 여타 지역과는 구분되는 하나의 균일한 생활권을 이루고 있는 경향을 볼 수 있다. 그에 비해서 행정구 내에서의 중심성 격차가 가장 크게 나타나는 지역은 영등포구로서, 도심부인 여의도동과 그 이남의 동들 간에는 상당한 편차가 있음을 여기서 추측해 볼 수 있다.

• *각 도심권역별 중심성의 분포*

도심권역 전체의 중심성 분포를 파악하기 위하여 서울시 전체 행정동의 중심성 분포를 표시한 결과는 다음과 같다.

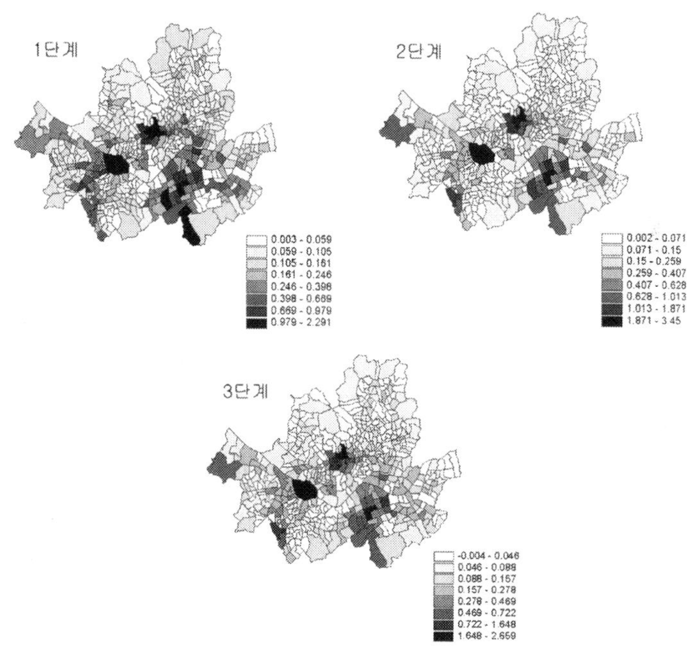

║그림 4-10║ 서울 전체 단계별 중심성 분포(2002년 기준)

중심성의 단계가 높아지면서 나타나는 도심권역별 중심성 분포 패턴의 변화는 두 가지 방향으로 정리할 수 있다. 우선, 중심성의 단계를 높일수록 3핵도심과 그 주변지역 간의 중심성 격차가 커지는 것을 볼 수 있으며, 이에 따라 3핵도심부의 경계가 점차 뚜렷해지는 양상을 보인다. 1단계 중심성에서의 경우, 다른 단계에서보다 서울 외곽지역의 중심성이 상대적으로 높은 것으로 나타나고 있다. 이는 주요 도심부에서 먼 행정동의 경우 도심부에 대해 낮은 접근성을 해당 지역 내부의 기능보유를 통해 어느 정도 보완하고 있음을 나타낸다. 그러나 이들 외곽지역이 2-3단계 중심성 분포에서 그 영향력이 낮아지고 있는 점으로 보아, 그 대상 범위가 국한된 주로 소규모의 기능들로 구성되어 있음을 짐작할 수 있다.

또 한 가지 두드러진 점은 영동생활권 지역과 여타 지역, 특히 한강 이북지역과의 중심성 격차가 확대되는 경향이다. 중심성 단계가 높은 분포일수록 한강 이북지역은 전반적으로 중심성 분포에 있어 하향 평준화되는 경향을 보이는 반면, 강남/서초도심을 중심으로 한 영동생활권의 중심성은 비교적 고르게 중심성 순위를 유지하고 있다.

이상과 같이, 서울 전체 지역의 차원, 즉 도심권역의 차원에서 나타나는 중심성 분포를 종합해 볼 때, 강남/서초도심의 강세경향은 각 구별, 행정동별 중심성 분포에서도 뚜렷이 나타나고 있으며, 주변부까지 포함하는 각 도심권역 차원에서는 더욱 뚜렷해짐을 알 수 있다. 강남/서초도심의 경우 그 중심부의 세력이 강할 뿐 아니라, 그 주변부로의 파급효과가 커, 해당 도심권역 내에 중심성이 고르게 분포하고 있는 반면, 여타 2개 도심의 경우 중심부와 주변부 간의 중심성의 격차가 크고 그 영향권도 작게 나타나고 있다.

결국 강남/서초도심의 주변지역에 대한 파급효과가 두드러짐을
알 수 있으며, 이는 이 지역이 서울 전체 중에서도 매우 특화된
기능지역으로 존재하고 있음을 보여준다고 할 수 있다.

(2) 각 기능계열별 중심성 분포

중심성 분포를 주요 기능계열별로 도시한 결과는 다음과 같다.

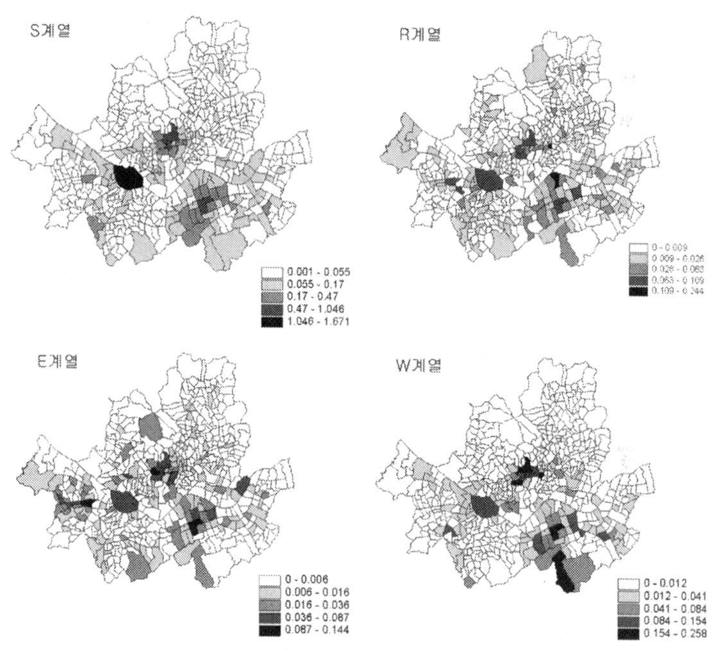

‖그림 4-11‖ 주요 기능계열별 중심성의 분포(2002년 기준)

• S 계열(서비스업 및 관련업) 중심성 분포

서비스업 계열의 중심성 분포는 3핵도심 중 1군집에 속하는 3
개 동, 그리고 영동생활권 지역에서 높게 나타나고 있어 집중화

내지 극화 현상이 다른 기능에 비해 두드러진다. 3핵도심, 그리고 그 중에서도 핵심을 이루는 1군집 3개 행정동(종로1234가동, 역삼1동, 여의도동)으로 집중하는 경향이 다른 계열들에 비해 높게 나타났는데, 이는 서비스업 계열이 기능고도화도가 가장 높은 기능군으로 나타난 점과 일치하는 결과로 볼 수 있다.

• R계열(소매업 및 관련업) 중심성 분포

소매업 계열은 중심성의 분산 정도가 가장 높게 나타나고 있다. 전체적으로 볼 때 소매업 계열에서 3핵도심이 차지하는 비중이 낮을뿐더러, 강북구와 강서구의 외곽 동 지역도 상대적으로 높은 값을 나타내는 등, '탈중심화' 내지 '분산화' 경향이 가장 강하게 나타난다. 3핵도심의 인접부에서의 중심성은 상대적으로 낮게 나타나는 반면, 외곽으로 갈수록 오히려 높은 분포를 보이고 있어 도심지에만 의존하지는 않음을 잘 보여 주고 있다. 즉, 3핵으로의 집중성향이 있지만, 외곽으로 갈수록 다시 중심성이 높아지는 중심-외곽의 양극화된 분포 패턴을 나타내고 있다.

• E계열 중심성(유흥/숙박 및 관련업) 분포

유흥/숙박 및 관련업의 경우 전체적으로는 소수 지역에 집중하는 극화현상이 강하지만, 그 집중지역은 3핵도심이 아닌 특징을 나타낸다. 3핵도심이나 지역중심이 아님에도 이 기능에 대해서 유독 특화된 행정동들이 외곽지역에 나타나고 있다. 전반적으로 E계열의 기능에서는 극화 현상은 강하게 나타나면서 집중지역은 3핵도심지역이 아닌 경우가 많아 타 기능들에 비해 상대적으로 3핵도심의 비중은 작은 편이다.

• *W계열(도매업 및 관련업) 중심성 분포*

도매업 및 관련업은 같은 판매업 계통의 기능임에도 불구하고 소매업의 분포 패턴과는 여러 가지로 다르게 나타난다. 소매업은 전반적으로 분산된 경향이 강한 반면, 도매업은 3핵도심과 그 주변부 행정동들에서 강한 중심성을 보이고 있다. 의류 및 잡화와 관련한 도매업종이 강하게 입지하는 중구와 도심지역과 인접한 동대문 부근이 높은 중심성 분포를 보이고 있으며, 강남/서초도심에서는 양재2동의 화훼, 식품관련 도매업이 활성화되면서 높은 중심성을 나타내고 있다.

(3) 전체지역 중심지 분포요약

이상과 같이, 각 기능별 중심성분포를 전체 도심권역을 대상으로하여 살펴보았다. 각 기능들은 전반적으로 3핵도심에 집중하는 비율이 높은 가운데서도, 기능별 분포 특성에 따라 집중화(극화) 내지 분산화 정도, 그리고 3핵이 차지하는 비중에서 서로 다른 양상을 보였다. 서비스계열의 경우 집중 정도가 높으면서 그 중심과 3핵도심이 대략 일치하는 방향으로 나타나고 있으나, 유흥숙박업, 도매업계열의 경우에는 그 집중지역이 3핵도심을 벗어나는 경우가 많았다. 또한 소매업은 분산 정도가 높게 나타나고 있어 3핵도심의 비중은 낮게 나타나고 있다. 전체적으로 볼 때, 3핵도심지역은 주로 서비스업과 판매계열 기능으로 특화되어 있는 반면, 그 외곽과 주변지역에는 중심적 기능에 대한 지원의 역할을 하는 제조업, 유흥 및 숙박업 등의 기능이 분포하면서 도심권역의 기능분포 패턴을 만들고 있는 것으로 나타난다.

2. 도심 영향력의 모형화

1) 중심성에 의한 영향력

(1) 도심 영향력의 개념

* *영향력의 개념*

중심지이론에서 '포섭원리(nested principle)'는 '기능구성의 연속성'에 의해 특정한 중심지가 주변부의 저차 중심지들에 대해 독점적인 기능공급 역할을 하게 되는 것을 의미한다. 즉, 하나의 중심지는 그 주변부의 저차 중심지 내지 배후지들에 대해 독점적인 기능공급지의 역할을 하면서 이들과 함께 공간적으로 하나의 '군집'을 형성하는 것을 가정하고 있다. 그러나 실제로 존재하는 대도시 내에서는 중심지들의 경계가 뚜렷하지 않은 상태로 존재하여 포섭 대상지역에 독점적 영향을 발휘하지 못하고 있으며, 이에 따라 기능구성의 연속성 역시 원래의 이론적 가정대로 성립하지 않는다. 따라서 중심지이론의 가정에서와 같은 단선적 포섭현상은 발생하지 않는다고 볼 수 있다.

그러나 군집에 의한 포섭현상이 나타나지 않는다 하더라도, 중심지의 중심성이 높을수록 인접 지역에 기능을 공급하게 될 확률이 높아진다는 점은 부인할 수 없다. 즉, 보다 고도화된 기능구조를 가지는 중심지일수록, 주변지역의 기능수요를 더 강하게 흡인하게 된다. 따라서 각 중심지들은 특정지역들을 독점하기보다는, 모든 배후지역들을 대상으로 이러한 흡인력을 발휘하면서 서로 기능공급의 경쟁을 하게 되는 것으로 보아야한다. 도심이 주변의 기능수요를 끌어들이는 흡인력은 결국 해당 도심이 가지는 공간적세력을 나타내는 것으로, 이 연구에서는 이러한 세력의 분포를 해당 도심의 '영향력'으로 표현하기로 한다.

이렇게 보았을 때, 도심의 '영향력'은 다음 두 가지의 특성을 가지는 것으로 볼 수 있다. 우선, 영향력은 상대적인 비교를 통해서만 파악이 가능하다. 영향력이 높은 지역이 그보다 낮은 지역의 기능수요를 흡수하게 되는, 즉 상대적인 세력의 크기의 개념을 통해 보아야 할 것이다. 또한 영향력의 작용은 확률적인 개념으로 보아야 한다. 영향력은 도심이 주변지역의 기능을 흡수하는 데 있어, 그 지역을 전적으로 독점하는 힘을 의미하는 것이 아니며, 다만 영향력이 클수록 그 도달지역을 흡인하게 될 가능성이 높아진다는 확률적인 의미로 보아야 할 것이다.

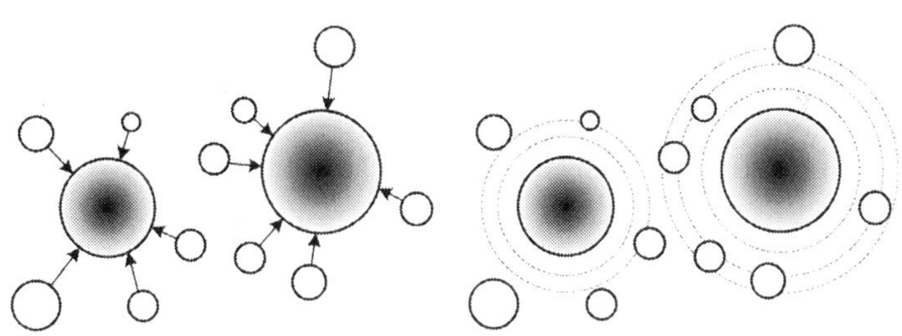

‖**그림 4-12**‖ 포섭관계(왼쪽) 및 영향력(오른쪽)에 의한 주변지역과의 관계 개념도

'영향력' 모형을 작성하는 데 있어서는, 앞서 살펴본 두 가지 이론적 흐름 중에서 '상권인력관련이론' 계통이 적용될 수 있다. '상권인력관련이론' 계통은 지역과 지역이 가지는 인력관계의 상호작

용을 확률적 모형으로 설명하고 있기 때문이다. 이 장 후반부에서는, 앞서 측정한 '고용중심성'을 기능수요의 흡인력을 직접적으로 반영하는 지표로 보고, 이에 따라 공간상에 발휘되는 각 도심의 영향력에 대한 개념적이고 기본적인 모형을 도출해 보고자 한다. 또한 이 모형을 통해 현재 3핵도심의 공간적 영향력 분포를 파악해 보기로 한다.

• *영향력 모형화의 전제들*

도심과 주변 배후지역 간의 상호작용은 어떤 도심이 가지는 영향력, 그리고 그 결과로 나타나는 배후지에서 도심으로의 유입으로 나누어 볼 수 있다. 앞서 언급한 바와 같이, '영향력'은 한 지역의 기능구조가 가지는 흡인력으로 인해 타 지역으로부터의 그 수요를 끌어 들이는 능력으로 보기로 한다. 또한 '유입'은 영향력의 결과로 해당 중심지 내로 들어오는 타 지역으로부터의 기능수요 흐름을 의미하는 것으로 본다. 유입량을 나타내는 변수가 무엇이 될 수 있는가에 대해서는 여러 가지 다른 의견이 있을 수 있다. 보통, 특정 도심에 집적된 기능에 대한 수요는 해당 도심으로의 교통량을 통해서 나타나는 경우가 많으나, 최근 들어서는 정보통신상의 유동량이 많아지면서 교통량유입량과 같은 변수의 중요성은 상대적으로 줄어들고 있다. 그러나 전반적으로 볼 때, 공간상의 유동에 있어 정보통신이 차지하는 비중은 아직은 특정 기능과 업종으로 국한된다고 볼 수 있으며, 여전히 직접적인 교통수단이 차지하는 비중은 절대적인 것으로 볼 수 있다. 따라서 이 연구에서는 '유입'을 측정하는 변수는 해당 지역으로 유입되는 전체 교통량[108)]과 같은 것으로 보기로 한다. 두 가지 전제를 다시 한 번 명시하면 다음과 같다.

1) 어떤 지역이 가지는 중심지로서의 '영향력'은 그 지역에 집중된 기능의 양과 질, 구조적 특성에 의해 발현되는 것으로, 이러한 기능적인 특성은 '고용중심성'에서 측정될 수 있다.
2) 영향력으로 인해 발생하는 '유입'은 해당 도심의 기능을 이용하기 위해 그 내부로 들어오는 교통량으로 측정될 수 있다.

이러한 전제하에 '영향력'이 모형화되기 위해서는 고용중심성이 실제 교통량과 가지는 상호관계가 의미가 있는가에 대한 검증이 먼저 이루어질 필요가 있다.

(2) 중심성과 영향력의 관계

• *영향력 지표로서의 고용중심성에 대한 검증*

앞서 전제한 바와 같이, 고용중심성은 지역의 기능을 기능의 수와 규모, 고도화 정도를 통해 직접적으로 측정한 지표로서, 해당 지역이 타 지역에 가지는 기능적인 영향력의 척도가 될 수 있다. 이러한 전제를 점검하기 위해, 단계별로 측정되는 중심성과 해당 지역으로의 교통유입량의 관계를 조사하였다. 이를 위해서, 각 행정구별로 4개, 총 100개의 행정동을 표본 선정하고 이들 행정동의 각 단계별 중심성과 그 행정동으로 유입되는 교통량과의 관계를

---

108) 이 연구에서 유입량의 자료로 삼은 것은 연구 시점에서 가장 근접한 시점에 서울시정개발연구원에서 조사한 '1999년 기준 서울 및 수도권 OD조사'이다.

회귀분석하였으며, 그 결과로 다음과 같은 회귀식이 도출되었다.

표 4.5 단계별 중심성지수(x)와 동별 교통유입량(y)과의 관계

	도출된 회귀식	결정계수(R^2)
1단계 중심성	y = 114,849x+234,778	0.6977
2단계 중심성	y = 92,132x+320,864	0.7641
3단계 중심성	y = 132,963x+305,988	0.7808

각 단계별 중심성을 독립변수로 하고 교통유입량을 종속변수로 하여 1차 단순선형회귀모형을 적용함으로써 유의한 결과를 얻어 냈으며, 3개 모형 모두 결정계수가 약 0.7 이상의 값을 보여 상당한 설명력을 가지는 것으로 나타났다. 여기서 주목할 부분은 중심성의 단계를 높일수록 회귀모형의 설명력이 높아지고 있다는 점이다. 1단계 중심성에서 결정계수 $R^2 = 0.6977$이던 것이, 2단계에서 $R^2 = 0.7641$, 3단계에서는 $R^2 = 0.7809$로 높아지고 있다. 이는 Davies의 중심성지수(1단계 중심성지수)로부터 이 연구에서 제안한 '고용중심성지수(3단계 중심성지수)'로 순차적으로 변형해 갈수록 유입량을 더욱 잘 설명하게 된다는 의미이다. 이는 단순히 기능들의 수적인 집적도만으로 평가한 1단계 지수보다 고용 규모와 기능고도화도를 고려하는 2, 3단계의 지수가 보다 유입량을 잘 설명하고 있다는 것으로, 이 연구에서 제안된 '고용중심성(3단계 지수)'이 여타 중심성지수보다 도심의 영향력을 설명하는 데 적절하다는 점을 잘 보여준다.

이상을 살펴보면, 어떤 중심지의 '영향력'과 그에 따른 '유입량'은 고용중심성을 통해서 충분히 설명될 수 있다는 전제 1)은 적절

한 것으로 판단할 수 있을 것이다.

• 기능 계열별 중심성과 유입량의 관계

각 기능이 유입량에 기여하는 정도를 파악해 보기 위해, 각 기능 계열별 중심성과 전체 유입량의 관계를 분석해 보았다. 앞서 표본 추출된 100개 행정동별로 각 계열별(S계열, R계열, W계열, E계열, M계열) 기능군의 중심성을 측정하였으며, 이때 중심성의 정규화된 수치와 각 행정동으로의 교통유입량과의 관계를 1차선형으로 회귀분석한 결과는 다음 표와 같다.

전반적으로 볼 때, 기능계열별로 유입량과 관계성이 높은 순서는 서비스업 – 소매업 – 유흥숙박업 – 도매업 – 제조업순으로 나타났다. 이러한 순위는 해당 기능계열이 주변지역으로부터 유입량을 유발하는 정도를 나타내는 것으로, 앞서 살펴본 각 계열별 중심성의 공간적 분포 패턴과 관련해 볼 때 다음과 같이 두 가지의 주요 분포유형을 구분해 볼 수 있다.

표 4.6 각 기능계열별 중심성과 유입량의 1차선형회귀분석 결과

기능 계열	회귀계수	결정계수(R^2)
S계열(서비스업)	286137.819	0.8539
R계열(소매업)	269254.966	0.7561
E계열(유흥숙박업)	251528.813	0.6598
W계열(도매업)	251152.261	0.6578
M계열(제조업)	206951.101	0.4466

– 고차 중심지에 집중적으로 입지하여, 비교적 넓은 범위의 유입을 유발한다: S(서비스)계열 기능군의 경우

－ 도시 전체에 분산되어 분포하나, 중심지와 비중심지 간의 규
　　모 차이가 크고, 교통량유발 정도가 다른 기능에 비해 높다:
　　R(소매업)계열 기능군의 경우

　이처럼 교통유입량과 관계성이 높은 두 계열에 비해 M(제조업)
계열의 경우는 상대적으로 결정계수가 낮으며, 회귀계수에서 추정
되는 바와 같이 단위당 유입량도 낮게 나타난다. 이는 제조업 계
통의 기능이 타 지역으로부터의 유입을 직접적으로 유발하는 힘이
타 기능계열에 비해서 낮음을 의미한다. 이외에도, 유흥숙박업과
도매업 계통은 거의 비슷한 수준으로 나타났는데, 두 기능 계열이
앞서 도심권역별 중심성 분포에서 유사하게 나타난 점과 관계있다
고 볼 수 있다.

　각 계열별 순위가 앞서 살펴본 기능계열별 평균 기능고도화도의
순위와 일치하고 있다는 점은 의미가 있다. 기능 계열별 기능고도
화도 값에서도 동일하게 S계열－R계열－E계열－W계열－M계열의
순서로 나타났었다. 전체적으로 볼 때, 기능고도화도가 높은 기능
들은 보다 고차위의 중심지에 입지하는 경향이 있으며, 이에 따라
해당 중심지로의 교통 유입량을 유발하는 효과도 크게 나타났다.
다소 예외적인 경우는 소매업 계통의 기능으로, 이들 기능은 분산
적으로 존재하나, 그럼에도 불구하고 도심지에 존재하는 소매기능
의 유인력은 매우 커서, 전체적으로는 서비스계열에 준하는 교통유
입량을 발생시키는 것으로 판단된다. 각 단계별 중심성 중에서 기
능고도화도까지 고려한 3단계 중심성이 가장 유입량을 잘 설명해
주고 있는 것도 이처럼 기능고도화도와 유입량의 높은 상관관계

때문인 것으로 볼 수 있을 것이다.

2) 3핵도심의 포섭 영향력 모형의 설정

(1) 영향력의 개념모형의 설정

• *고용중심성을 통한 상호작용의 모형화*

공간상에서 소비자의 지역 선택과 관련하여서는, Huff모형으로부터 시작되는 일련의 소비자 선택행태에 대한 '상권인력관련' 모형의 발전이 있었으며, 이를 통해서 주로 상권의 선택과 관련된 행태 예측모형이 개발되어 왔다. 상권인력관련 이론에서 등장하는 기본적인 모형은 다음과 같이 표현할 수 있다.

$$유인력 \propto \frac{흡인력요인(질량변수)^{\alpha}}{저항요인^{\beta}}$$

위에서 볼 수 있듯이, 지역 간의 상호작용상의 유인력을 측정하기 위해서는 '흡인력요인' 변수와 '저항요인' 변수가 필수적으로 지정되어야 한다. '소매인력 모형', 'Huff모형', 'MNI모형', 'MNL모형' 등 중력모형계통에서 공통적으로 활용되는 '흡인력요인' 변수(질량변수)는 주로 선택 대상이 되는 쇼핑센터 내지 쇼핑지구의 규모에 관한 변수로서, 주로 매장의 연면적이나 다루는 상품의 종류 등을 변수로 하고 있다.[109] 그러나 규모 관련 변수는 선택의 대

---

109) 이 논문의 pp.73 – 77 참고.

상이 되는 상권의 단위가 커질수록 의미가 적어지게 된다. 예를 들어, 선택 대상이 개별 쇼핑지구가 아닌 복합적인 용도를 가지는 한 도심 차원의 지역이라고 가정하게 되면, 넓은 지역에 걸쳐 이미 충분한 양의 기능들이 입지하고 있기 때문에 개별 건물의 연면적이나 다루는 상품 및 서비스의 숫자와 같은 기존 '규모변수'들은 더 이상 소비자의 민감한 선택요인이 되지 못한다. 이런 규모변수보다는 지역 전체의 특성을 설명할 수 있는 변수, 즉 지역에 특화된 기능의 종류나 품질, 지역의 전반적인 특성 및 매력도와 같은 지역 전체의 기능특성과 관련된 변수가 점차 중요해진다고 볼 수 있다.

이러한 이유로, 소비자 선택행태 모형은 도심이나 행정동 단위 같은 보다 큰 지역 간의 선택에 대해서는 적용되지 않아 온 경향이 있다. 선택의 대상이 도심 규모로 커지게 될 때 상권인력관련 모형의 핵심이 되는 '질량변수' 내지 '흡인력변수'의 파악이 어려워지기 때문이다. 특히, 흡인력요인을 이루는 변수가 많아지게 되면 이들 변수들의 특성에 따른 서로 다른 파라미터와 함수가 적용되면서 모형이 복잡해지는 반면 설명력은 오히려 낮아지는 문제가 발생한다. 그럼에도 불구하고, 중력모형에 바탕을 둔 모형의 기본개념 자체는 보다 넓은 차원에서 사람, 재화, 정보 등의 공간적 이동을 설명하는 데 계속 활용되어 왔다. 또한 적절한 수의 흡인력변수를 통해 충분한 설명력을 가지게 할 수 있다면 3핵도심과 같은 거대 중심지의 영향력을 설명하는 모형으로도 충분히 활용될 수 있을 것이다.

상권인력이론적 개념을 지역차원으로 적용한 사례로는 김갑성,

홍순영의 연구[110]가 있는데, 지역 규모의 상호작용을 복합적인 의미를 가지는 소수의 질량변수만으로 모형화한 사례로 볼 수 있다. 지역 간의 경제적인 I / O(Input / Output)의 상호작용에 대해 기존 연구는 대부분 입지계수(LQ: Location Quotient)를 이용하고 있으나, 이들은 중력모형의 개념에 근거를 둔 다음과 같은 모형으로 지역 간 거래를 설명하고자 하였다.

$$Z_{ij}^{RS} = G \frac{(\mathrm{Pr}od_i)_R^{\alpha} \cdot (Emp_j)_S^{\beta}}{(Dist_{RS})^{\gamma}}$$

Z_{ij}^{RS} : R지역의 i산업에서 S지역의 j산업으로의 산출물 이동량

$(\mathrm{Prod}_i)_R$: R지역의 i산업 생산량

$(Emp_i)_S$: S지역의 j산업 고용자수

$Dist_{RS}$: R지역과 S지역의 거리

α, β, γ: 각 변수들과 이동물량과의 탄성치

G: 상수

이 모형에서 질량변수로 쓰인 것은 '지역별 생산량'과 '고용수' 두 가지였으며, 이를 통해 중간 정도의 설명력($R^2 = 0.640$)을 가지는 모형을 도출하였다.

물류흐름에 있어서는 여러 영향변수가 존재함[111]에도 불구하고

---

110) 김갑성, 홍순영, *미래지향적 국토공간구조와 인프라 정비*, 서울: 박영률출판사, 1996.
111) 국토연구원, *공간분석기법*, 서울: 도서출판한울, 2004, pp.40 – 41.

이처럼 소수의 변수만으로도 설명력을 얻을 수 있었던 것은, 지역 대 지역 교류의 규모에서 위의 두 변수가 차지하는 비중이 타 변수들에 비해 월등하기 때문이다. 즉, 지역 규모의 상호작용에서 영향을 주는 변수가 많으나, 이 중 상당수의 변수가 그 대상의 규모가 커짐으로 인해 상쇄되어 의미가 약해지는 반면, 그 영향력이 압도적인 소수의 변수는 더욱더 설명력이 커질 수 있다. 결국 위의 연구에서처럼, 설명력이 높은 소수의 질량변수가 존재하는 경우 이들 위주로도 설명력 높은 인력모형을 도출할 수 있게 되며, 신뢰도를 높이기 위해 여러 가지 다양한 변수를 포함하는 것에서 오는 함수식의 복잡함, 공선성의 문제 등을 피하면서도 어느 정도 설명력 있는 모형을 도출할 수 있는 것이다.

여기서 도출하고자 하는 서울의 도심차원 상호작용의 모형에서는 앞서 측정한 도심별 고용중심성이 이러한 질량변수의 역할을 할 것으로 기대할 수 있으며, 그 근거는 다음과 같다.

- 고용중심성은 각 지역에 집적된 기능의 양적·질적 특성이 이미 복합적으로 반영된 변수로, 자체에 각 도심의 기능구조상 특성이 이미 고려되어 있다.
- 고용중심성은 앞서 살펴본 바와 같이, 대상 지역으로의 유입량과의 관계에 있어서 1차선형모형으로도 충분한 설명력을 보여 주고 있다.

　‘저항요인’의 변수로는 소매인력계통의 모형에서는 주로 ‘물리적 거리(physical distance)’, ‘인지적 거리(cognitive distance)’, ‘교통시간 거리(time distance)’ 등으로 대변되는 거리변수를 주로 하고, 기타 교통에 소요되는 비용 등을 추가하는 방식으로 구성되는 경우가 많았다. 이들 거리요인들 중에서 물리적 거리보다는 인지적 거리나 교통시간 거리가 저항요인과 보다 실제적인 연관성을 가지는 것으로 알려져 있다. 그러나 이러한 거리 변수들 간의 차이는 역시 국지적인 규모에서의 상권 선택에서 의미가 있는 것으로 볼 수 있다. 대상 지역의 규모가 커져서 대도시권역 차원의 문제에 적용하게 되면 두 가지의 변화가 발생하는데, 우선 거리가 늘어나면서 교통비용이 거리에 비해 차지하는 비중이 현격히 줄어들게 되며, 또한 거리의 규모가 점차 개인이 인지할 수 있는 범위를 벗어나게 된다. 이런 경우, ‘인지적 거리’와 ‘물리적 거리’의 차이는 상대적으로 중요성이 낮아지는 반면, 실제 소요되는 시간은 여전히 확고한 변수로 남기 때문에 ‘교통시간거리’의 중요성은 상대적으로 높아지게 될 것으로 추측할 수 있다. 또한 거리 스케일이 커지면서 일정한 한계값을 가지는 기타 비용요소들 역시 그 비중이 작아진다고 볼 수 있다.

　결국, 위의 소매인력이론 계통의 유인력 모형에서, ‘질량변수’는 해당 지역의 ‘고용중심성’으로, ‘저항요인’은 ‘교통시간거리’로 대체함으로써 지역 차원의 영향력(유인력) 모형을 다음과 같이 설정해 볼 수 있다.

$$해당지역의영향력(유인력) \propto \frac{해당지역의고용중심성^{\alpha}}{저항요인^{\beta}}$$

여기서 고용중심성은 앞서 증명한 바와 같이, 유입량과의 선형적인 관계로 설명될 수 있었으므로 별도의 파라미터 설정 없이 질량변수로 활용할 수 있어, 위의 식에서 $\alpha = 1$로 설정이 가능하다. 따라서 영향력 모형은 다음과 같이 설정될 수 있다.

$$A_i \propto \frac{CE_i}{D^{\lambda}}$$

A_i: i지역의 유인력

CE_i: i지역의 고용중심성(3단계 중심성)

D: 타 지역에서 i지역으로 향하는 교통시간거리요인

λ: 교통시간 거리요인에 대한 파라미터

여기서 λ는 특정한 공간범위 내에서 일정한 값을 가질 것으로 예상되는 파라미터로, 가장 간단한 중력모형에서는 일반적으로 $\lambda = 2$의 값이 가정되었으나, 이후의 전개된 상권인력관련 이론들에서는 보통 해당하는 지역의 여건이나 변수에 따라 서로 다른 값을 가진다고 보아, 각 모형이 적용될 상황에 따른 파라미터 값을 설정하는 데 중점을 두는 경우가 많았다.

• *두 지역 간 상호작용의 개념적 모형*

두 지역 i와 j가 있어 중심성이 높은 i지역이 j지역으로부터의 기

능수요 유입량을 가진다고 할 때, 그 영향력(유입력)은 다음과 같
이 볼 수 있다.

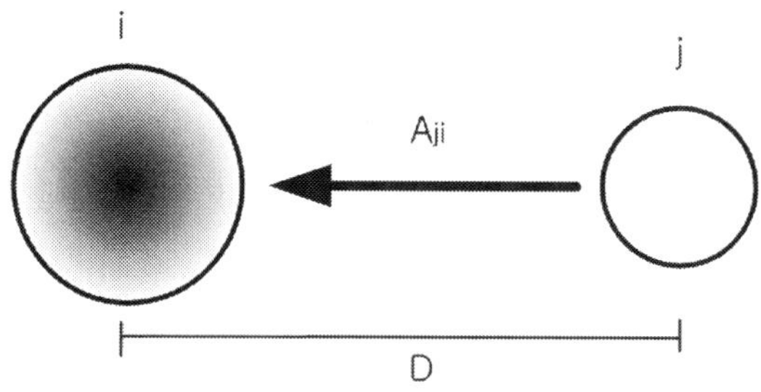

$$A_{ji} = G \frac{CE_i - CE_j}{D^\lambda}$$

A_{ji}: j지역으로부터 i지역으로의 유인력

CE_i: 지역의 고용중심성

CE_j: 지역의 고용중심성

D: 두 지역 간의 교통시간 거리

G: 상수

λ: 파라미터

여기서 질량변수를 두 지역 간의 중심성 차이로 본 것은, 유입 출
발점이 되는 지역의 중심성이 높을수록 자체적으로 해결되는 수요
가 그에 비례하여 증가할 것으로 보았기 때문이다.

또한 유입력에 의해서 실제로 발생하는 유입량은 대상이 되는
지역의 수요규모인 인구 규모에 영향을 받을 것으로 볼 수 있다.

이 경우 예상되는 실제 유입량은 다음과 같이 표현할 수 있다.

$$F_{ji} = k \frac{CE_i - CE_j}{D^\lambda} P_j$$

F_{ji}: j지역에서 i지역으로의 실제 유입량

P_j: j지역의 인구 규모

이런 형태의 모형이 지역 간의 사회인구학적, 경제적인 특성에 있어 큰 차이가 있거나, 교통수단의 선택에 있어서 지역적인 편차가 심한 경우 등에도 일반적으로 적용될 수 있다고 보기는 어렵다. 그러나 각종 대중교통수단이 상당히 균일하게 발달되어 있는 대도시 내부권역이면서, 인구의 특성이 혼합되어 있어 이에 따른 유입력 차이가 무시되는 경우라면 충분한 설명력을 가질 수 있을 것으로 판단된다.

 • *모형의 전제: 3 핵도심의 영향력의 특성*

위에서 설정된 개념적 모형을 토대로 하여 서울의 3핵도심에서 발생하는 영향력과 이로 인한 유인력을 측정하는 모형을 작성하고자 한다. 앞서 설정된 지역 간의 영향력 모형은 여러 지역 간의 복잡한 상호작용관계 속에 존재하는 도심지역 특성을 고려하지 않고 다만 두 지역이 존재하는 경우를 가정한 것으로, 실제 대도시 지역의 연속된 생활권 내에 존재하는 중심지의 영향력을 설명하기는 어렵다. 따라서 3핵도심의 영향력 모형을 설정하기 위해서는 이들 도심의 특성을 고려해서 다음과 같은 두 가지 전제가 모형

작성에 고려되어야 할 것이다.

전제 1) 3핵도심은 다른 저차위 중심지와는 확연하게 구별되는
영향력을 가진 최고차위의 중심지로서, 다른 지역과는
달리 구별된 그 자체의 안정적인 영향력과 그에 따른
고정적인 유입비율을 가진다.

전제 2) 3핵도심으로 유입되는 유입량은 각각 3핵도심의 중심성
에 비례하고 교통시간 변수에 반비례하여 각각의 도심
으로 분산된다.

앞서 3핵도심체계가 1980년대 후반 이후 3핵도심의 중심성 합
계가 일정하게 유지되고 있다는 점을 밝혔으며, 이에 최고차위 도
심으로서 3핵도심이 가지는 기능수요는 다른 저차위 중심지와의
경쟁관계나 지역 간의 거리와는 무관하게 항상 일정한 정도로 존
재한다고 볼 수 있었다.

표 4.7 고용중심성과 교통유입량에 있어서 3핵도심의 비중(서울 전체 대비)

	1999	2000	2002
고용중심성	0.3109	0.3317	0.3282
유입량	0.3092	–	0.3120(2003년)

[표 4.7]은 1999년 이후 OD조사에서 측정된 유입량에 있어서, 3
핵도심이 차지하는 비중과 고용중심성의 비중을 대조한 것이다. 주
목할 점은, 3핵도심이 차지하는 고용중심성의 비중은 30% 초반
선에서 1990년대 이후 계속 일정하게 유지되어 왔으며, 3핵도심이

차지하는 유입량의 비중 역시 이와 거의 유사한 30% 초반에서 일정하게 유지되고 있다는 점이다. 이는 전제 2)에서와 같이, 고용중심성이 해당 지역으로의 유입량을 가장 잘 설명하고 있다는 점을 확인해 줄 뿐 아니라, 사실상 서울 전체에서 3핵도심이 차지하는 고용중심성과 유입량의 비율은 거의 동일하게 나타난다는 점을 보여 준다.

또한 이러한 3핵도심이 차지하는 영향력, 유입력의 안정성은 시계열상으로뿐 아니라 공간상으로도 나타난다.

표 4.8 각 구별 유입량 중 3핵도심으로의 유입량 비율(2002년, 평균: 0.221)

행정구	3핵 유입량	행정구	3핵 유입량
용산구	0.275	양천구	0.200
성동구	0.256	강서구	0.194
광진구	0.220	구로구	0.216
동대문구	0.230	금천구	0.171
중랑구	0.172	동작구	0.295
성북구	0.215	관악구	0.248
강북구	0.220	송파구	0.234
도봉구	0.200	강동구	0.163
노원구	0.177	서대문구	0.235
은평구	0.250	마포구	0.239

위의 표는 각 구별로 유발된 유입량 중에서 3핵도심으로의 유입량이 차지하는 비율을 나타낸 것이다. 주목할 점은, 각 구의 3핵으로부터의 거리 및 위치가 서로 다름에도 불구하고, 3핵도심부로 유입되는 비율은 일정하게 나타나고 있다는 점이다. 3핵도심과 직접 인접한 용산구, 동작구 등에서 20% 후반의 값이 나온 것을 제외하고는 대부분의 구에서 전체 평균인 22.1%에 매우 근접한 수치들로 나타나고 있다. 즉, 각 행정구별로 도시 내 입지와 사회인

구적 여건이 다름에도 불구하고, 비교적 유사한 유입관계를 보여 주고 있다. 이는 3핵도심이 전체 도시에서 가지는 영향력의 비중은 공간적으로도 일정하게 나타난다는 것으로, 앞서 시계열상의 변화 고찰과 함께 앞의 전제 1)을 보다 명확히 해 준다.

여기서는 전제 1)에서와 같이 각 지역이 3핵도심으로부터 받는 영향력과 그 결과인 유입력이 일정하다고 보고, 이를 토대로 영향력을 모형화한 후 전제 2)에 해당하는 부분을 검증해 보기로 한다.

* *3핵도심의 포섭 영향력 모형 설정*

앞서 전제에 따라, 서울 시내의 한 지역이 3핵도심으로 유입되는 경우를 가정하면, 그때 각 도심부로 유입되는 유입량은 다음의 비례식으로 표현될 수 있다.

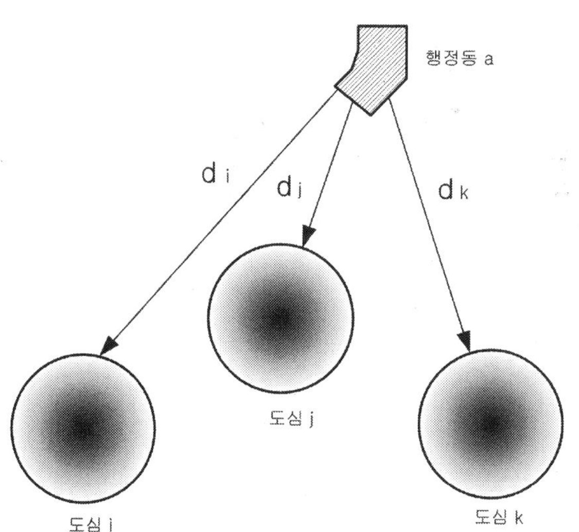

‖그림 4-13‖ 3핵도심에 의한 포섭 영향력 개념

$$A_{ai} \propto \frac{CE_i}{d_i^{\lambda}} \quad A_{aj} \propto \frac{CE_j}{d_j^{\lambda}} \quad A_{ak} \propto \frac{CE_k}{d_k^{\lambda}}$$

이런 비례식에 근거하여, 위의 그림 중 a지역에서 i도심으로 유입되는 비율 R_{ai}는 다음과 같이 표현[112]될 수 있다.

$$R_{ai} = \frac{\dfrac{CE_i}{d_i^{\lambda}}}{\dfrac{CE_i}{d_i^{\lambda}} + \dfrac{CE_j}{d_j^{\lambda}} + \dfrac{CE_k}{d_k^{\lambda}}}$$

여기에 다시 a지역에서 3핵도심으로 유입되는 전체 유입량을 곱하면, a지역에서 i도심으로의 유입량을 구할 수 있다.

$$A_{ai} = R_{ai} \times T_a \times R_{3c} = \left(\frac{\dfrac{CE_i}{d_i^{\lambda}}}{\dfrac{CE_i}{d_i^{\lambda}} + \dfrac{CE_j}{d_j^{\lambda}} + \dfrac{CE_k}{d_k^{\lambda}}} \right) \times T_a \times R_{3c}$$

T_a: a지역에서 발생하는 유출량

R_{3c}: 유출량에서 3핵으로 유입되는 비율

---

112) 각 지역의 영향력의 합을 통해 특정지역의 선택을 확률화하는 부분은 Huff모형에서의 확률화 과정과 유사하다(참고: 제2장, 2.2. 상권의 확률적 모형화에 관한 이론).

여기서 모형의 단순화를 위해 다음에 나타난 분수 부분을 상수 k로 나타내기로 한다.

$$\frac{R_{3c}}{\dfrac{CE_i}{d_i^{\lambda}} + \dfrac{CE_j}{d_j^{\lambda}} + \dfrac{CE_k}{d_k^{\lambda}}} = k(상수)$$

여기서 분모 부분은 3핵도심이 특정지역에 미치는 영향력의 합을 나타내며, 분자 부분은 그 지역에서 3핵도심으로 유입되는 유입비율을 나타낸다. 이 분수 부분을 상수로 보는 근거는 다음과 같다.

- 앞서의 영향력 모형 전제 1)에 따르면, 3핵도심 전체의 영향력은 서울 시내에서 지역에 관계없이 비교적 일정한 범위로 나타나므로, 영향력과 그로 인한 유입비율 역시 일정할 것이다.
- 만약, 3핵도심의 영향력이 일정하지 않고 포섭 지역의 위치에 따라 달라진다 하더라도, 분모 부분은 특정지역에 대한 3핵도심의 영향력의 합을 나타내고, 분자 부분은 그로 인한 3핵도심으로의 유입비율을 나타내므로, 영향력과 유입력은 비례하게 나타난다는 점을 고려할 때 전체 분수 값은 일정하게 나타날 것이다.

이에 따라, 특정 행정동에서 3핵도심 중 한 도심으로 포섭되는 유입량은 최종적으로 다음과 같이 표현하기로 한다.

$$A_{ai} = k \frac{CE_i}{d_i^{\lambda}} T_a$$

여기서 모형이 완성되기 위해 파악되어야 할 수치는 상수 k와 교통시간 거리의 파라미터인 λ로서, 표본 추출된 행정동에서 측정된 3핵도심으로의 교통유입량과 유출량, 그리고 3핵도심의 중심성을 변수로 대입한 후, 최소자승법을 적용하여 그 최적 모형을 구할 수 있다.

(2) 3핵도심 유입량 모형의 적용 및 결과

• *모형 적용을 위한 표본선정 및 변수선택*

모형 적용의 대상이 되는 행정동은 우선적으로 각 구별로 교통의 중심상업지역 주요 도로에서 멀지 않은 2개 동씩을 총 40개 동[113]을 선정하였다. 각 구의 중심부에서 떨어진 외곽의 동들의 경우, 지도상에 표현되지 않는 경로의 존재 가능성이 높아 교통거리 변수를 측정하는 데 오차가 생길 가능성이 크다고 판단되어 지도상에 비교적 명확히 표현될 수 있는 동들로만 표본을 선정하였다. 선정된 40개 동에서 3핵도심에 이르는 거리들은 다음과 같다.

---

113) 선정된 동은 창, 방학, 중계, 월계, 미아, 번, 길음, 종암, 묵, 중화, 장안, 청량리, 왕십리, 군자, 노유, 능, 남영, 청파, 구산, 응암, 북가좌, 연희, 망원, 합정, 신정, 목1, 고척, 개봉, 등촌, 화곡, 대방, 흑석, 석촌, 방이, 명일, 성내, 봉천, 신림, 독산, 가산동으로, 각 구별 2개씩 40개 동임.

행정구명	종로 / 중구도심	강남 / 서초도심	영등포도심
강북구	9.3	17.6	19.0
도봉구	14.1	21.2	24.3
노원구	14.5	20.4	23.4
성북구	6.7	13.7	15.5
중랑구	13.3	16.9	23.9
은평구	9.3	13.8	23.4
동대문구	7.0	16.9	15.5
서대문구	7.2	18.7	8.1
마포구	9.4	17.5	7.3
용산구	4.3	5.3	8.2
성동구	5.4	10.7	12.8
광진구	10.7	10.0	20.9
동작구	9.2	12.1	3.5
강서구	15.3	22.4	9.5
양천구	14.8	19.0	7.1
구로구	15.2	19.0	6.9
금천구	15.6	15.3	8.0
관악구	10.7	8.7	8.4
송파구	13.8	7.3	19.5
강동구	16.2	13.9	25.5

또한 각 행정동에서 발생하는 유출량 및 3핵도심으로의 유입량은 서울시정개발연구원에서 조사한 '2003년 서울시 OD조사'를 기준으로 하였다.

● *모형 적용을 위한 수식변환*

앞서 추정한 모형은 이른바 '비선형(non‒linear)모형'으로 분류되는 모형으로서, 비선형일지라도 다음과 같은 로그변환을 통해 용이하게 적용할 수 있다.

$$A_{ai} = k \frac{CE_i}{d_i^{\lambda}} T_a$$

$$\log(A_{ai}) = \log k + \log CE_i + \log T_a - \lambda \log l_i$$
$$= K + \log CE_i + \log T_a - \lambda \log d_i$$

여기서 모형의 형태를 단순화하기 위해 log(k)는 다시 K로 표시하였으며, 이 경우 K와 λ가 이 모형에서의 파라미터가 된다. 이 두 파라미터 중 특히 λ는 3핵도심의 영향력이 거리에 따라 어떻게 감쇄되는가를 나타내는 파라미터로, 3핵도심의 영향력의 특성을 설명하는 데 핵심이 되는 중요한 수치로 볼 수 있다.

일반적으로 상용 통계패키지 프로그램의 '비선형회귀분석도구'등을 이용하여, K와 λ에 각각 1000과 3을 초깃값[114]으로 입력함으로로써 최적값을 찾아낼 수 있다.

(3) 영향력 모형 적용 결과

• 모형 적용 결과 및 그 의미

이상에서 작성된 영향력 모형은 3핵도심 전체를 모두 대상으로 하여 적용되었을 뿐 아니라, 3핵도심 중 각 1개씩의 도심만을 대상으로 하여 적용해 보기도 하였다. 이는 동일한 체계 내에서, 각 도심들에 대해서만 모형을 적용할 때 나타나는 파라미터상의 변화

---

114) 실제로 나타날 파라미터 값에 근사한 값을 넣을수록 최적화 과정이 빨라지는 특성이 있으므로, 각 행정동별 평균적 교통량과 기존 연구를 참고하여 초깃값을 설정하였다.

가 가지는 의미를 고찰하기 위해서이다. 모형을 3핵 전체, 그리고 각 개별 도심만을 대상으로 적용한 결과는 다음과 같다.

$$A_{ai} = 321.78 \frac{CE_i}{d_i^{1.49389}} T_a$$

표 4.10 영향력 모형 적용 결과

도심 포함 범위	K	λ	R^2
3핵 전체	5.77387	1.49389	0.87575
종로 / 중구도심	7.43773	1.68187	0.84827
강남 / 서초도심	5.14543	1.42150	0.78633
영등포도심	5.92868	1.50907	0.82485

우선, 모형의 결정계수(R^2)가 모두 0.8에 가깝거나 그 이상의 값으로 나타나, 상당한 수준의 설명력을 보이는 것으로 나타났다. 파라미터 값 중, λ값은 3핵 전체를 대상으로 한 모형에서는 약 1.5를 나타냈는데, 이는 중력모형에서 기본적으로 가정하는 거리 저항력 파라미터인 λ=2.0보다 작은 값이다. 이는 3핵도심은 일반적인 여건의 중심지들보다 거리로 인한 저항력이 둔감해진 결과로 볼 수 있다.

3핵 전체가 아닌 각 도심만을 대상으로 하여 적용한 모형에서의 λ 차이 역시 주목할 만하다. 우선, λ값의 크기에 따른 순위를 보면, 종로 / 중구 – 영등포 – 강남 / 서초도심의 순서로 나타나고 있는데, 이는 거리로 인한 저항이 종로 / 중구도심에서 가장 크게 나타난 반면, 강남 / 서초도심으로의 접근에서는 매우 낮다는 것이다. 이는 강남 / 서초도심이 타 도심과 비교할 때, 보유한 기능구조에 의해서 발생되는 중심성 이상으로 강한 유입력을 가진다는 점을 의미한다. 즉, 강남/서초도심은 높은 중심성을 가졌을 뿐 아니라, 그 중심성에서 나타날 수 있는 영향력 이상의 유입력을 가진다는 것이다. 이러한 결과를 해석해 보면, 강남/서초도심이 그 기능 구조에 따른 영향력만으로는 설명되지 않는 여타 측면의 매력요인 - 예를 들어, 지역의 이미지, 높은 어메니티, 기능의 다양성 등 - 을 타 도심에 비해 더 보유하고 있고 이로 인해 타 도심과 비교할 때 보다 먼 거리에까지도 영향력을 발휘하고 있는 것으로 생각할 수 있다.

3) 모형 적용 결과에 대한 해석

이상과 같이, 3핵도심이 가지는 영향력은 여타 중심지들과는 다른 고유한 영역에 존재한다는 가정에서부터 출발하여, 3핵도심이 개별 지역에 미치는 영향력을 모형화해 보았다. 이러한 모형과정에서 발견된 중요한 사실들은 다음과 같다.

1) 이 연구에서 제안한 고용중심성(3단계 중심성)은 도심의 실제적인 영향력을 나타내는 변수로서 특정지역으로의 유입력을 선형적으로 잘 설명하고 있으므로, 지역이 보유하는 기능의 구성특성과 영향력을 동시에 반영하는 변수로 사용될 수 있다.

2) 대도시권역 내의 지역들 간의 상호작용을 다룰 때, 그 영향력은 중심성에 비례하고 저항요소의 누승에 비례하는 간단한 형태의 모형으로 나타낼 수 있다.

3) 3핵도심의 영향력을 이에 따라 모형화하였을 경우, 저항요소
는 실제 교통거리의 약 1.5승에 비례하는 값으로 나타난다.

이러한 모형화는 대도시 도심 규모의 중심지를 대상으로 한 것이
라는 데서 그 의미를 찾을 수 있다. 기존의 소매인력 모형의 계통의
모형들은 그 규모에서 볼 때 주로 단일 쇼핑센터 내지 쇼핑지구 규
모의 지역들을 대상으로 한 것들로, 보다 넓은 지역으로 적용되기
에는 한계가 있었다. 따라서 그 대상 범위가 복합적인 기능구조를
가진 지역으로 커지게 되면 특성들을 개별적으로 변수화하는 데 있
어서 한계가 발생하여 소매인력계통의 모형으로 설명할 수 없는 상
황에 이르게 된다. 그러나 위의 1)에서 언급하는 바와 같이, 특정
도심 내지 중심지의 기능구조와 그로 인해 발생하는 영향력이 고용
중심성으로 대별될 수 있다면, 소매인력에서 설명하지 못하는 지역
차원의 영향력 역시 간단한 수식에 의해 모형화할 수 있게 된다.
즉, 해당 지역으로의 유입력을 여러 개의 복잡한 매력 변수가 아닌
고용중심성이라는 단일 변수로 설명하게 될 수 있게 되면 보다 간
단히 지역 간의 상호작용모형을 만들 수 있는 것이다.
또한 이 과정에서 교통거리의 누승 형태로 측정된 파라미터 값은
서울시 내에서의 공간적 상호작용에 대한 다른 연구에서도 여러 의
미로 활용될 수 있을 것으로 보인다.

3. 핵도심 영향력의 공간적 분포

1) 3핵도심별 공간적 영향력 분포 파악

• *3핵도심의 유입력 및 외부로의 영향력*

3핵도심의 영향력은 두 가지 서로 상반된 관점에서 바라볼 수 있다. 첫째는 3핵도심이 각 동 지역에서부터 활동을 끌어들이는 내부로의 유입력의 측면이며, 둘째로는 3핵도심이 각동에 기능을 제공하는 외부로의 영향력의 측면이다. 3절에서는 관점을 바꾸어, 이들 3핵도심이 각 동 지역에 미치는 외향적인 영향력 측면을 고찰해 보고자 한다.

이를 위해서, 3핵도심이 각자 내지는 하나의 체계로서 특정 동 지역에 미치는 영향력 값을 산정하고 이를 도시화하여 그 공간상의 분포특성을 고찰해 보기로 한다. 또한 이러한 분석을 통해 도심지역의 공간적 영향력이 과연 서울의 전체적 공간구조와 관련해서 적절하게 분포하고 있는가 하는 부분 또한 검토해 보고자 한다.

• *3핵도심 영향력의 산정방법*

3핵도심의 영향력은 앞서 도출된 3핵 유입량 모형이 서울이라는 하나의 공간적 체계에서 상당한 설명력을 보여 주고 있으므로, 별도의 모형화 없이 유입량 모형에서 도출된 파라미터를 통해 간단하게 작성할 수 있다. 또한 영향력은 추상적인 개념으로서, 특별한 절대적 단위가 있는 것이 아니므로, 다만 그 상대적인 크기만을 비교하기로 한다. 3핵도심에 의한 지역별 영향력의 개념과 그 측정식은 다음과 같다.

옆의 그림과 같이, 3핵도심
이 특정 행정동에 미치는 영
향력을 살펴보면, 각 도심은
자신의 중심성에 비례하는
영향력을 미치게 되며, 이 영
향력은 앞서 파악한 모형과
같이, 거리의 누승에 따른 저
항을 받게 된다. 이 경우 지
역 a가 받을 3핵도심의 영향
력은 다음과 같다.

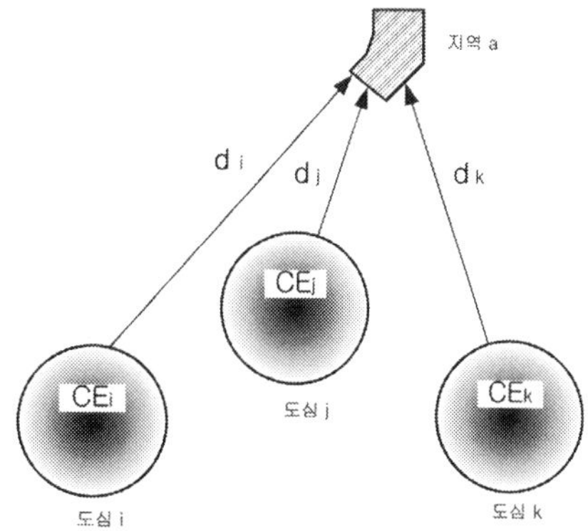

그림 4-14 3핵도심의 특정지역에 대한 외향적 영향력 개념도

$$F_a = \frac{CE_i}{d_i^{\lambda}} + \frac{CE_j}{d_j^{\lambda}} + \frac{CE_k}{d_k^{\lambda}}$$

F_a: a지역이 3핵도심으로부터 받는 전체 영향력

CE: 3핵도심이 지니는 각각의 중심성

위의 식은 상대적인 영향력의 크기를 비교하기 위한 것이므로,
특정한 상수를 취하지 않고, 다만 앞서 유입량모형에서 도출된 거
리의 저항 파라미터를 적용하는 것으로 하였다.

• 3핵도심의 시기별 공간적 영향력 분포 고찰

앞서 도출한 3핵도심 전체의 영향력 모형에서 산정된 거리에 대
한 파라미터 값($\lambda = 1.49389$)을 토대로 하여, 우선 3핵도심이 각 도

심별로 미치는 영향력의 공간적 분포를 주요 시기별로 파악해 보
았으며, 영향력 수치를 등급화하고 그 결과를 흑백 간의 그레이드
처리를 통해 도시[115]한 결과[116]는 다음과 같다.

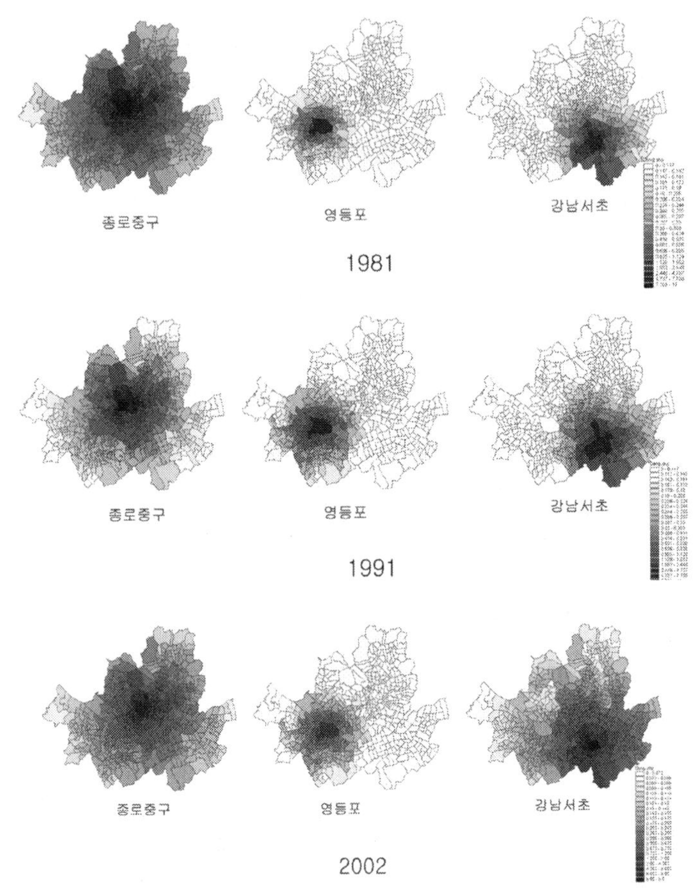

▎그림 4-15▎ 3핵도심의 영향력 분포의 연도별 변화

---

115) 522개 각 동별로 3핵도심의 영향력 값을 산정하였으며, 이를 지리정보시스템 구축
프로그램인 'Arcview GIS 3.2'를 통해 도시화하였다.

116) 1981년과 1991년의 경우 지금과 행정동 구분 및 교통망 발달 정도 등 여러 부분에
서 2002년과 다를 것이나, 연구상 편의를 위해 현재와 공간적 맥락은 동일하다고
가정하였다.

위의 변화과정을 살펴보면, 종로/중구도심이 서울의 지리적 중심임과 동시에 기능적으로 압도적인 영향력을 발휘하던 것에서 점차 그 정도가 약해져 온 반면에, 강남/서초도심이 지리적인 측면에서는 종로/중구도심보다 중심을 벗어나 입지함에도 불구하고 주요 간선 교통축을 중심으로 하여 그 영향력을 확장해 가는 결과를 볼 수 있다. 그러나 위 결과는 3핵 전체에서 산정된 공통적인 거리저항 파라미터를 적용한 것으로, 보다 현실적인 도심 영향력을 살펴보기 위해서는 앞서 산정된 각 도심별 파라미터[117]를 개별적으로 이용하여 그 영향력을 측정할 수 있다. 그 결과를 살펴보면, 강남/서초도심의 영향력이 이전보다 상당히 확장되고 있으며, 서울 외곽지역 및 주요 간선축을 중심으로 영향력이 증대되어 있는 것을 볼 수 있다.

‖**그림 4-16**‖ 각 도심별 개별 파라미터를 적용한 영향력의 분포(2002년)

특별히, 경합적인 양상에 있는 종로/중구도심과 강남/서초도심의 영향력의 공간적 분포와 그 변화과정을 살펴보기 위해, 이 두

---

117) [표 4.10]을 참고.

도심의 영향력만을 고려하여 그 우세 정도를 22개의 등급의 그레이드로 도시한 결과는 다음과 같다.

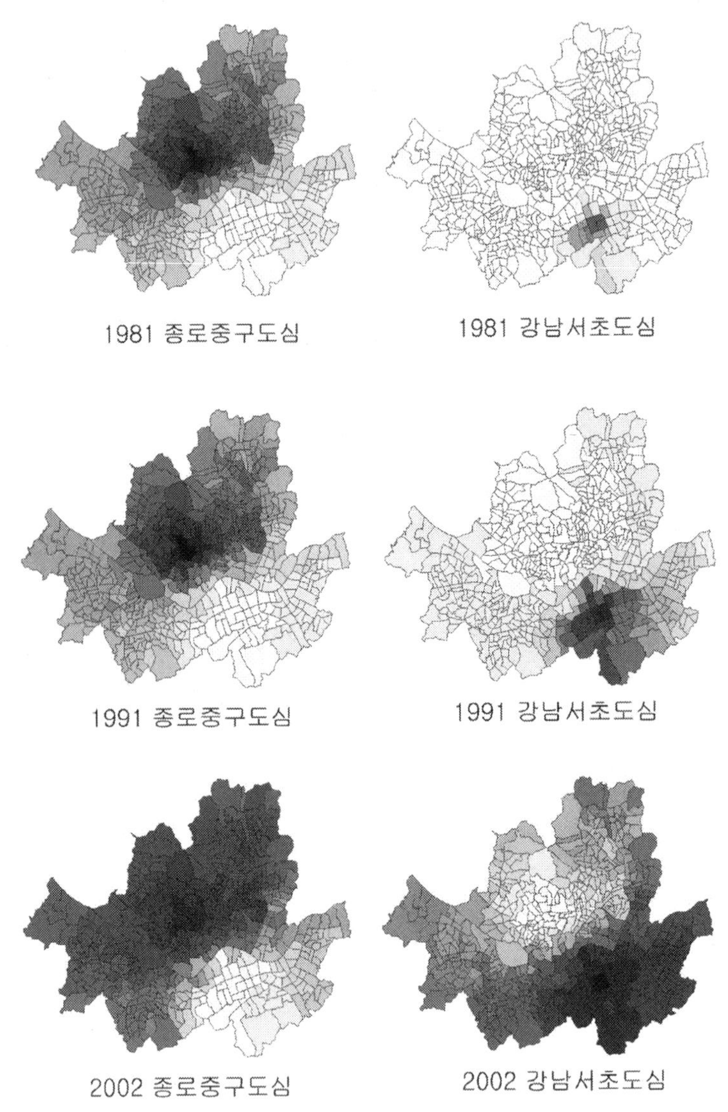

그림 4-17 종로 / 중구도심과 강남 / 서초도심의 시기별 영향력 상대적 비교

위의 결과 역시 3핵도심 전체의 공통적인 거리저항 파라미터를 이용한 것으로, 보다 정확한 비교를 위해서 다시 각 도심별 파라미터를 대입한 결과는 다음과 같다.

그림 4-18 양대 도심 개별 파라미터 적용한 영향력 상대적 비교

<그림 4-18>에서 나타나듯이, 상대적인 비교에서는 강남/서초도심의 영향력 우세가 더욱 두드러지게 나타나고 있는데, 서울 외곽지역 및 주요 간선축을 따라 확장되면서 전반적으로 종로/중구도심에 비해 상당한 우위를 나타내고 있다.

이상과 같이 3핵도심 영향력의 변화를 살펴보면, 전반적으로 구도심인 종로/중구도심의 영향력이 상대적으로 유리한 입지여건에도 불구하고 계속적으로 축소되어 왔으며, 특히 현실과 가까운 영향력 모형을 적용할수록 강남/서초도심이 종로/중구도심의 영향력을 추월하는 현상이 두드러지는 것을 볼 수 있다.

2) 3핵도심 영향력 분포의 적절성 평가

• 영향력의 지역별 분포의 의미

도심의 영향력은 앞서 살펴본 사회인구학 분야에서 제안된 'Spatial Potential Model'상의 '잠재력'과 유사한 개념[118]으로, 3핵도심의 영향력이 높게 나타나는 지역일수록 도시기능의 공급이 원활하여 입지상으로도 유리한 지역으로 볼 수 있다. 따라서 지역단위별로 측정된 3핵도심의 영향력의 값에 대해 다음과 같이 가정할 수 있다.

- 영향력 값이 클수록, 해당 지역은 3핵이 제공하는 기능상의 혜택을 받는 정도가 높다.
- 영향력 값이 작을수록, 해당 지역은 3핵이 제공하는 기능에서 소외된 정도가 크다.

이런 점에서 볼 때, 영향력의 지역적인 분포를 그 '적절성'의 측면에서 살펴볼 수도 있을 것이다. 즉, 3핵도심의 영향력이 공간상에 고르게 분포할수록 3핵도심의 입지는 '형평성'이 높은 것이 된다. 여기서는 현재의 적절성에 대한 고찰을 위해, 도시 내의 인구분포와 영향력의 분포를 연관하여 살펴보고자 한다. 즉, 서울의 각 지역별로 분포하는 인구와 해당 지역의 3핵도심 영향력 분포를 고찰함으로써 3핵도심의 위치상의 적절성, 중심성 분포상의 적절성을 평가하는 것이다.

---

118) 'Potential Model'에서의 지역별 잠재력은 주로 중심지 내지 상업중심으로서의 잠재력을 다루는 것이나, 여기서는 그 관점을 달리하여, 어떤 지역의 주변에 존재하는 도심으로 인해 가지게 되는 잠재력을 다루고자 한다.

• 구별 영향력 측정을 통한 적절성 평가

3핵도심의 영향권 분포의 적절성을 고찰하기 위한 공간 단위는 서울의 '행정구'로 하였는데, 이는 앞서 고찰한 행정동 단위의 경우 1980년대 이후 변화가 심하여 측정단위로 삼기가 어렵고, 측정단위의 수가 지나치게 많다고 판단하였기 때문이다. 3핵도심을 포함하고 있는 5개 구를 제외한 나머지 20개 구에서의 영향력을 측정하였으며, 현재의 구의 경계와 영역이 1981년부터 그대로 존재하였다고 가정하여, 영역별로 가지는 영향력상의 변화를 고찰하여 보았다. 여기서 각 구와 3핵도심 간의 거리는 각 구의 중심상업지역의 중심부 도로에서부터 3핵도심 1군집 행정동의 중심지역까지의 거리로 하였다. 각 구별로 계산된 3핵도심 영향력의 변화는 다음과 같다.

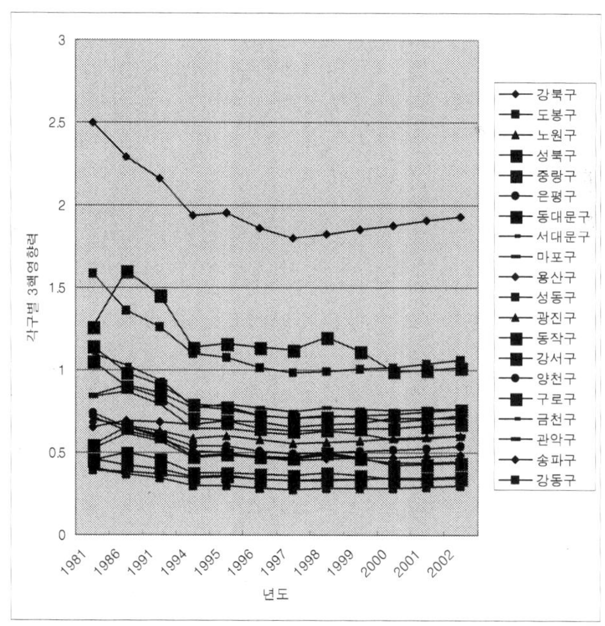

┃그림 4-19┃ 20개 행정구별 3핵 영향력 변화 추이

그래프상의 각 수치는 각 행정구가 3핵도심 전체를 통해서 받고 있는 영향력의 합으로, 이 수치가 높을수록 3핵도심의 기능지원을 받는 정도가 높다고 볼 수 있다.

위의 변화 추이를 볼 때 가장 주목할 점은, 각 구별로 전반적으로 3핵도심으로부터의 영향력이 감소해 오는 추세를 나타내고 있다는 점이다. 20개 구 가운데서 3핵의 영향력이 증가하는 방향으로 나타나는 곳은 송파구가 유일했으며, 이 과정에서 그 하락폭이 큰 행정구는 역시 종로/중구도심을 기반으로 하는 강북생활권의 구들로 나타났다. 도심을 포함하는 행정구들까지 포함하는 경우에도, 3핵도심의 영향력이 더 늘어나게 된 지역은 강남구, 서초구와 송파구 등 영동의 3곳뿐이었다. 이는, 3핵 내의 중심성이 전반적으로 종로/중구도심에서 강남/서초도심으로 이동하는 과정에 있어, 행정구 단위에 미치는 영향력 차원에서는 편중되어 온 것을 의미한다. 즉, 3핵도심 내의 중심성 이동변화는 전반적으로 서울 내에서 공간적인 형평성이라는 측면에서는 오히려 약화되는 방향으로 진행되어 온 것이다.

그러나 여기서 고려해야 할 점은, 각 지역별 인구분포의 차이이다. 3핵도심 내에서의 중심성 이동에 따른 전체 지역의 형평성 변화를 파악해 보기 위해서는 각 지역이 수용하는 인구 규모를 가중치의 형태로 반영할 필요가 있다. 이를 '영향력인구규모'로 칭하기로 할 때, 그 수식은 다음과 같다.

$$영향력인구규모 = \sum_{i=1}^{25} (P_i \cdot F_i)$$

P_i: i지역의 인구 규모

F_i: i지역에 대한 3핵도심의 영향력

이 '영향력인구규모'의 값이 크면, 3핵도심의 영향력이 보다 크게 작용하고 그 접근이 용이한 지역에 보다 많은 인구가 분포하고 있다는 점을 의미하며, 그 반대의 경우에는 인구분포의 중심과 3핵도심의 영향력 분포가 잘 맞지 않는다는 의미가 된다. 위의 식을 서울 전체 행정구를 대상으로 하여 산정한 결과는 다음 <그림 4-20>과 같다.

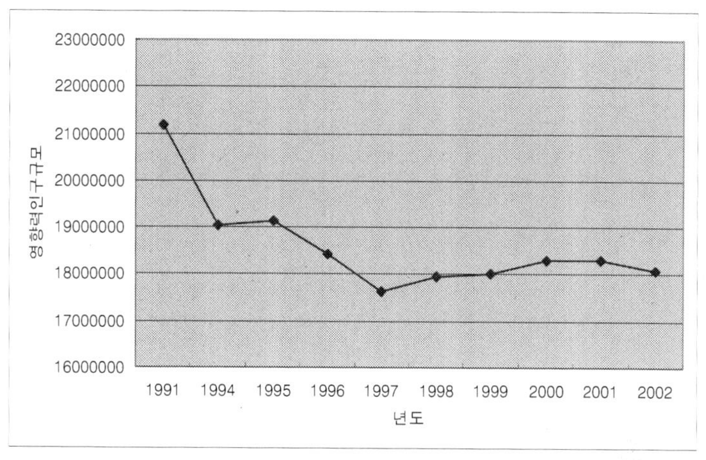

┃ **그림 4-20** ┃ 1991년도 이후 영향력인구규모 변화 추이

위의 변화 추이를 볼 때, 전반적으로 3핵도심이 각 지역에 대해 수행하는 기능공급의 형평성은 1990년대 이후에도 상당히 감소되어 왔다고 판단할 수 있다. 즉, 3핵도심 내에서의 중심성 이동현상으로 말미암아, 평균적으로 볼 때에는 3핵도심의 기능을 이용하기 위한 비용이 증가하였다는 것을 의미한다.

결국 3핵도심 내의 중심성 이동현상은 전체적인 형평성과 효율성 측면에서의 약화로도 볼 수 있을 것이다. 그러나 여기서 또한 고려되어야 할 점은 다음과 같다.

1) 서울은 그 자체 외에도 수도권의 여타 도시와 상호작용을 하고 있으며,[119]
2) 부도심이나 기타 저차위 중심지의 분포에 의해서 3핵도심 영향력의 불균형이 보완되었을 가능성이 있고,
3) 현실적으로는 지역별로 구매력 등 경제력 수준이 다르다는 점

즉, 공간상의 분포 패턴으로는 전반적인 효율이 떨어졌을지라도, 수도권 전체의 공간구조와 경제적인 변화 등이 이러한 효율성 약화를 보완하였을 것으로도 볼 수도 있다. 그런 이유로, 이러한 변화가 반드시 부정적인 것으로 단정할 수는 없겠으나, 3핵도심은 서울의 최고차 중심지로 고용과 구매 등 생활 전반에 있어 중심의 역할을 한다는 점을 고려하면, 그 영향력은 되도록 각 생활권에 편중되지 않고 형평성 있는 분포가 될 필요가 있다. 따라서 지나친 공간상의 불균형이 나타나지 않도록 정책적인 배려가 도심체계의 정비 차원에서 필요하다고 판단되며, 영향력이 편중되지 않고 공간적으로 고르게 분포되도록 하는 방향으로 향후의 도심 및 부도심 관련 정책을 추구하는 것이 바람직하다고 할 수 있을 것이다.

---

119) 특히, 1980년대 후반 이후 수도권 '5대 신도시'의 건설의 영향이 대표적인 사례이다.

제5장 결 론

토지 이용에 있어서 발생하는 공간상의 구조와 질서를 파악하고
자 하는 데서 출발한 중심지이론은 특정지역의 중심성을 측정하고,
중심성에 따른 지역들의 위계와 포섭관계를 파악하고자 하였다. 이
미 존재하는 중심지들의 분포를 설명하고자 하는 중심지이론 계통
의 시도 외에도, 각 지역들 간의 상호작용과 영향력을 모형화하여
다루고자 하는 시도가 소매인력 계통의 모형연구를 통해서 발전되
어 왔으며, 이 두 가지 계통의 이론들은 공간에서 발생하는 지역
의 위계적 패턴과 그로 인한 영향력을 서로 다른 관점에서 다루고
있다.

이 연구에서는 서울이라는 대도시권을 대상으로 하여, 그 도심

의 공간적 체계와 특성을 파악하기 위해 위의 두 가지 이론적 관점의 장점과 한계를 고찰하면서 적용해 보았다. 이를 위해서, 서울 도심체계를 파악하는데 있어 우선 중심지이론 계통의 연구들의 흐름을 받아들이되, 그 기본 가정상 서울의 현재 공간적 맥락을 설명하는 데 적합하지 않은 부분에서는 복합적이고 다양한 기능의 도심을 전제로 하는 새로운 가정으로 대체하고자 하였다.

이러한 작업을 위한 첫 번째 과정으로, 우선 대도시 내에서 나타나는 다양하고도 복잡한 기능들의 개별적인 영향력을 측정하기 위해 '기능고도화도(Functional Centrality)' 지표를 제안하였다. 이는 한 기능이 보다 고차의 중심지에서 출현할 확률을 측정하기 위한 것으로, 이를 통해 도심기능의 발전에 따른 기능 간의 질적인 차이를 비교할 수 있었다.

그 다음 과정으로는, 동일한 기능들 간의 규모 차이를 측정할 수 있는 '고용규모비'를 산정하였으며, 이에 따라 '고용규모비'와 '기능고도화도'에 의해 기능구조의 양적 / 질적 측면을 복합적으로 포함할 수 있는 중심성지수 측정방법을 제안하였다. '고용중심성'으로 칭한 이 중심성지수는 기능적 구조가 복잡 다양하게 나타나는 거대도시의 복합적인 도심들의 영향력을 측정하는 데 적합하다고 판단하였다. 실제로 이 고용중심성만으로도 행정동별 유입량을 상당부분 설명하는 것으로 나타나, 기능구조에 따른 중심지로서의 영향력을 이를 통해 표현하는 것이 가능했다.

중심성 측정을 위한 다음 단계로, 이러한 중심성지수 모형을 토대로 중심지의 '포섭영향력' 모형을 작성해 보았다. 절대적인 포섭관계가 아닌 상대적이고 확률적인 영향력 관계를 파악하기 위해,

상권인력이론에서 제시된 중력이론적 가정을 이용하여 도시 내 중심지 영향력에 대한 개념적인 모형을 작성하였으며, 다시 이를 토대로 3핵도심으로의 유입량을 설명하는 모형을 도출하였다. 고용중심성을 유입량 변수로 하고 교통거리변수가 저항요인이 되는 영향력 모형을 통해 3핵도심이 개별 행정동에 미치는 포섭 영향력에 대한 비교적 설명력 높은 모형을 얻을 수 있었다.

도출된 모형을 살펴볼 때, 서울의 3핵도심의 영향력은 도심으로부터의 거리에 대한 민감도가 전반적으로 작은 것으로 나타난 가운데, 해당 도심의 영향력이 중심성과 교통거리 외에도 지역적인 이미지나 어메니티상의 차이와 같은 요인들에 의해서도 영향을 받고 있어 영향력의 공간적 분포가 도심마다 상당한 차이가 나게 됨을 추측하게 하였다. 특히 기존 도심지역은 이러한 거리에 의한 저항이 새롭게 조성된 여타 도심에 비해 높게 나타나고 있어, 입지 및 접근성상의 장점에 비해 그 영향력이 축소되어 있는 것을 파악할 수 있었다.

이러한 연구 과정에서, 다음의 두 가지 부분에 중점을 두었다. 첫째로, 기능이 다양하게 분포하고 기능구조가 연속적이지 않은 대도시의 중심지 체계에도 적용 가능한 중심성지수 모형을 작성하고, 이를 통해 서울 도심체계의 특성과 그 변화과정을 파악하고자 하였다. 또한 이러한 과정에서 정책상 규정된 도심체계와의 차이점을 발견하고자 하였다. 둘째로, 실제적이고 확률적인 영향력 모형에 의해서 각 도심부의 영향력 특성과 그 공간적 분포를 파악하고 이를 토대로 현재 도심체계의 적절성을 평가해 보고자 하였다. 기존의 도심체계 관련 연구들이 주로 초기 중심지이론상의 가정에 따라 기능의 양적인 측면에 중점을 두는 것에 비해 이 연구는 기능의 질적(규모와 고도화 정도) 차이를 반영하여 중심성을 측정'하고, 확률적인 영향력 모형에 기반하여 도심체계를 설명하고자 하였다.

이 과정에서 서울의 현실적 도심체계와 관련하여 파악한 함의점들은 다음과 같다.

첫째, 서울의 도심구조는 정책상 규정된 '1도심 – 4부도심' 체계와는 무관하게, 1960년대 후반의 도심체계 재편 이후 지금까지 여전히 3핵도심부가 절대적인 세력상의 우위를 나타내고 있어, 이른바 '3핵도심체계'가 여전히 유지되고 있는 것으로 나타났다.

둘째, 3핵도심 전체 중심성 변화를 살펴본 결과, 3핵체계는 1980년대 중반 이후 추가적인 변동이 없이 비교적 안정된 상태를 유지하는 체계를 이루고 있는 것으로 판단하였다. 따라서 3핵도심체계는 정책적인 중심지 체계 재편과 같은 큰 변동요인이 없는 한, 향후에도 상당기간 유지될 것으로 추측할 수 있었다.

셋째, 3핵도심체계 내에서 위계상의 의미있는 변화가 발생하고 있었다. 특히 강남 / 서초도심의 중심성 향상이 두드러지고 있으며, 이로 인해 1994년 이후에는 사실상 1순위 위계에 도달한 것으로 나타났다. 이러한 변화는 전체 3핵도심의 중심성과 영향력은 일정한 가운데, 그 차지하는 비중상의 변화만이 발생한 것이므로, '3핵도심 중심성의 내부 이동현상'으로 정의할 수 있었다.

넷째, 종로 / 중구도심은 역사적 · 문화적으로 가장 오랜 도심이나 그 기능적 구성상의 변화를 살펴볼 때 다분히 지속적인 '기능적 쇠퇴'가 있었다고 판단할 수 있었으며, 정책상으로나 인식상으로는 여전히 주 도심으로 명명되고 있음에도 불구하고 실제 중심지로서의 위계로는 2순위 도심에 그치는 것으로 나타나고 있었다.

다섯째, 영등포도심은 여타 3핵도심에 비해서 그 변화폭이 작고 비교적 안정된 3순위 도심의 상태를 보여 주고 있는데, 한정된 지역 내에 계획적으로 조성된 도심으로서, 추가적인 변동의 가능성이 여타 도심에 비해서 적었기 때문인 것으로 해석할 수 있었다.

여섯째, 포섭 영향력 모형의 도출 결과에서 볼 때, 종로/중구도심이 강남/서초도심이나 영등포도심에 비해서 상당히 거리에 민감한 것으로 나타났는데, 이는 종로/중구도심이 중심성으로 설명되지 않는 별도의 매력요인에서도 여타 도심부에 비해 낙후해 있음을 알려 주는 것으로 볼 수 있었다.

일곱째, 3핵도심의 외부적 영향력이 서울의 각 지역별로 미치는 영향을 파악해 본 결과, 강남/서초도심이 지리적으로는 최외곽에 입지하였음에도 불구하고, 그 중심성 성장에 의해 주요 교통축을 따라 90년대 이후에 빠르게 영향권을 넓혀 온 것을 알 수 있었다.

여덟째, 3핵도심의 외부적 영향권 분포와 서울시 전체의 인구분포를 비교하여 볼 때, 전반적으로 3핵도심의 기능에 대한 접근비용이 커지는 쪽으로 변화하고 있어, 도시구조의 효율성과 형평성 측면에서 검토해 볼 필요가 있음을 보여주었다. 이는 서울의 지리적 중심부에 위치한 큰 종로/중구도심의 중심성이 지속적으로 하락해 온 반면, 최외곽에 위치한 강남/서초도심의 중심성은 성장해 온 것에서 이유를 찾을 수 있다. 이러한 변화가 공간적인 불균형으로 이어지지 않기 위해서는 기존 도심인 종로/중구도심의 기능적인 쇠퇴현상을 정책적으로 보완할 필요가 있다. 또한 향후 부도심개발 정책에 있어서는 현재의 '3핵도심체계'에서 발생하는 공간적 불균형들을 개선하는 방안이 고려될 필요가 있음을 의미한다.

이러한 연구의 결과로 이론적, 정책적으로 제안하는 바는 다음과 같다.

우선, 서울의 도심체계를 바라보는 연구 관점의 전환이 필요하다. 오랜 시간 동안 지속되어 온 지역 간 상호작용과 기능 이동의 결과로, 도시의 중심지는 하나의 '체계'로서 작용하게 된다. 특히, 3핵도심은 개별적인 도심이기에 앞서 서울의 3개 대생활권의 중심이라는 의미를 가지고 있으며, 개별적이기보다는 하나의 유기적인 체계로 작용하는 경향이 있다. 따라서 도심 및 부도심의 입지나 도심의 재개발과 관련된 정책 등에 있어서도 3핵도심의 유기적인 체계로서의 성질에 대한 이해를 토대로 접근할 필요가 있다. 또한 지금의 도심체계가 가지는 특성을 이해하기 위해서는 지나치게 기능의 양적인 지표에 집중하기보다는 기능의 질적인 측면에 기반하여 그 구조를 파악할 필요가 있다.

서울의 도심체계와 관련하여 볼 때, 역시 가장 시급한 부분은, 도심체계에 대한 실질적인 접근의 필요성이다. 현재 서울의 명목상의 도심체계는 현실적인 도심 위계상의 변화를 고려하지 못하고 있으며, 청량리부도심과 용산부도심의 경우 그 실질적인 영향력에서는 부도심급으로 보기 어려운 측면이 강하다. 따라서 본 연구에서 서울의 도심체계는 여전히 '3핵도심체계'상태가 지속되는 것으로 판단하였다. 현재 서울의 도심 및 부도심에 대한 전반적인 재

점검을 통해 향후 정책 입안 및 집행에 있어서 현실적인 도심체계에 대한 인식을 토대로 진행할 필요가 있을 것이다.

또한 정책적으로 반드시 고려되어야 할 부분은 종로 / 중구도심의 지속적인 쇠퇴에 따른 문제이다. 종로 / 중구도심은 현재 중심성 및 영향력으로 보면 사실상 2순위 위계의 도심으로 하락한 상태일 뿐 아니라, 기능구조의 측면에 있어서는 쇠퇴의 경향이 더욱 뚜렷하다. 기능의 양적인 측면이나 영역 확장은 재개발 및 토지 이용 계획 등을 통해 직접적인 개선이 가능하나, 고착된 기능구조는 전반적이 사회경제적인 여건과 맞물려 있어 장기적인 대책이 필요한 부분으로, 단순한 단기적 접근을 통해서는 개선이 어려운 부분이다. 따라서 여전히 잠재력이 가장 높은 종로 / 중구도심을 활성화하기 위해서는 이 지역의 쇠퇴현상을 멈추고 그 기능구조를 다시 합리화하기 위한 종합적이고 장기적인 처방이 필요하다고 볼 수 있다. 또한 종로 / 중구도심이 타 도심에 비해서 중심성 이외의 매력요인이 떨어진다는 이 연구의 분석에서 볼 때, 기능구조상의 전환뿐 아니라 이 지역의 어메니티를 증진시킬 수 있는 방안 모색을 통해 유입력을 증진시킬 필요가 있다. 그런 점에서 볼 때, 현재 다양하게 진행중인 도심 재정비 사업 등의 진행은 '기능구조 쇠퇴의 보완' 및 '어메니티 요소의 확충'이라는 종로 / 중구도심의 과제에 적합하게 이루어질 필요가 있다. 또한 종로 / 중구도심의 중심성 하락으로 인해 지역별로 도심기능의 형평성에 있어 편중현상이 나타난 점은 향후 부도심 개발을 통해서 보완될 수 있도록 고려해야 할 것이다.

부　록

Appendix 1. Annual changes of RSR & ER: 종로 / 중구도심

	1981		1986		1991		1994		1995		1996		1997		1998		1999		2000	
	RSR	ER	RSR	ER	RSR	ER	RSR	ER	RSR	ER	RSR	ER	RSR	ER	RSR	ER	RSR	ER	RSR	ER
EI	1.412	0.388	0.356	0.179	0.936	0.353	1.792	0.204	0.155	0.047	0	0	0	0	0	0	0	0	0	0
MI	1.412	0.956	1.783	0.336	0.571	0.215	0	0	0.052	0.011	2.695	0.779	0	0	0	0	0	0	0	0
OI	1.248	0.212	0.907	0.266	0.628	0.253	1.224	0.204	2.402	0.82	0.325	0.1	0.51	0.106	0.771	0.224	0.457	0.083	0.378	0.096
FM	0.386	0.113	0.605	0.168	0.606	0.141	0.376	0.075	0.516	0.094	0.774	0.132	0.596	0.093	0.537	0.065	1.251	0.187	0.487	0.072
TM	1.026	0.221	1.109	0.152	1.064	0.162	0.798	0.12	1.063	0.107	0.921	0.112	1.238	0.13	1.131	0.114	1.358	0.121	1.379	0.117
WM	0.689	0.07	0.373	0.053	0.876	0.145	0.933	0.12	1.016	0.107	1.002	0.126	1.372	0.165	1.402	0.134	1.233	0.154	1.285	0.149

	1981		1986		1991		1994		1995		1996		1997		1998		1999		2000	
	RSR	ER	RSR	ER	RSR	ER	RSR	ER	RSR	ER	RSR	ER	RSR	ER	RSR	ER	RSR	ER	RSR	ER
PM	1.206	0.462	1.445	0.478	1.5	0.443	1.461	0.4	1.994	0.426	2.033	0.445	2.045	0.477	1.899	0.42	1.936	0.439	2.024	0.447
OM	0.883	0.186	0.845	0.189	0.745	0.199	0.815	0.19	0.995	0.181	0.937	0.193	0.737	0.139	0.569	0.113	1.017	0.191	0.835	0.162
MM	0.953	0.206	0.793	0.211	0.7	0.216	1.308	0.266	0.366	0.096	0.74	0.21	0.693	0.182	1.784	0.443	1.432	0.429	1.03	0.22
EM	1.054	0.347	0.836	0.173	1.195	0.4	1.153	0.128	0.945	0.224	0.913	0.259	0.528	0.124	0.463	0.112	0.703	0.161	0.709	0.14
CM	0.646	0.126	0.787	0.141	0.882	0.194	0.634	0.119	0.747	0.11	0.655	0.107	0.791	0.12	0.585	0.082	0.838	0.105	1.194	0.171
GI	0.373	0.179	0.192	0.083	0.245	0.082	0.096	0.012	0	0	0	0	0	0	0.019	0.003	0.517	0.092	0.439	0.075
WI	0	0	0	0	0	0	0	0	0	0	0	0	2.645	0.008	0	0	0	0	0	0
CI	0.986	0.616	0.887	0.39	1.06	0.396	1.068	0.193	0.65	0.169	0.748	0.193	0.648	0.161	0.705	0.169	0.8	0.189	0.693	0.14
WC	1.222	0.626	1.24	0.473	1.111	0.356	1.242	0.309	1.174	0.3	1.292	0.311	1.177	0.285	1.152	0.272	1.092	0.252	1.087	0.232
RC	0.949	0.24	1.01	0.195	0.962	0.168	0.887	0.145	0.882	0.13	0.985	0.129	0.969	0.127	1.005	0.12	1.119	0.142	1.103	0.148
LC	0.98	0.317	1.008	0.242	0.904	0.177	0.959	0.162	1.077	0.156	1.072	0.15	1.057	0.154	1.147	0.158	1.085	0.152	1.034	0.143
TS	1.189	0.374	1.022	0.208	1.341	0.234	1.2	0.186	1.259	0.131	1.215	0.151	1.392	0.145	1.389	0.124	1.253	0.1	1.381	0.125
CS	1.412	0.015	1.17	0.293	1.521	0.3	0.976	0.159	1.565	0.28	1.611	0.292	0.945	0.164	1.226	0.246	0.952	0.187	0.836	0.143
FB	1.222	0.677	1.393	0.596	1.387	0.464	1.286	0.365	1.406	0.34	1.319	0.328	1.592	0.401	1.695	0.414	1.157	0.258	1.404	0.306
IB	1.292	0.791	1.252	0.543	1.085	0.396	1.157	0.366	1.279	0.322	1.076	0.273	1.204	0.295	1.155	0.235	1.176	0.239	1.155	0.252
RB	0.742	0.252	0.732	0.201	0.556	0.124	1.053	0.162	0.782	0.157	0.914	0.169	0.935	0.173	0.851	0.155	0.621	0.1	0.708	0.113
LS	1.025	0.439	0.921	0.372	0.745	0.243	0.995	0.185	0.798	0.202	0.63	0.155	0.63	0.161	0.622	0.148	0.503	0.124	0.502	0.12
SS	0.984	0.399	0.643	0.194	0.421	0.041	0.925	0.058	0.186	0.02	0.444	0.033	0.417	0.034	0.407	0.034	0.513	0.035	0.466	0.039
PS	0.91	0.245	0.869	0.158	0.868	0.127	0.888	0.148	1.147	0.126	1.148	0.133	1.113	0.127	1.11	0.122	1.123	0.12	1.174	0.123
ES	0.999	0.262	0.617	0.15	0.552	0.12	0.656	0.119	0.668	0.102	0.566	0.091	0.598	0.098	0.612	0.094	0.705	0.102	0.669	0.1
OS	0.755	0.16	0.758	0.127	0.749	0.098	0.669	0.085	0.767	0.076	0.746	0.073	0.775	0.074	0.806	0.075	0.683	0.07	0.703	0.069

Appendix 2. Annual changes of RSR & ER: 영등포도심

	1981		1986		1991		1994		1995		1996		1997		1998		1999		2000	
	RSR	ER	RSR	ER	RSR	ER	RSR	ER	RSR	ER	RSR	ER	RSR	ER	RSR	ER	RSR	ER	RSR	ER
EI	0	0	2.817	0.525	1.708	0.253	0	0	2.588	0.363	0	0	0	0	0	0	0	0	0	0
MI	0	0	0	0	0	0	0	0	0	0	0	0	0	0	0	0	0	0	0	0
OI	0.716	0.028	1.347	0.146	0.226	0.036	0	0	0.211	0.034	0.403	0.062	0.76	0.074	0.544	0.089	1.036	0.086	0.699	0.078
FM	4.061	0.273	2.122	0.219	1.383	0.126	0.846	0.035	1.803	0.153	1.247	0.107	1.767	0.129	1.536	0.104	1.542	0.105	1.449	0.095
TM	1.486	0.073	1.242	0.063	0.992	0.059	2.327	0.072	1.053	0.049	0.843	0.051	0.973	0.048	1.183	0.067	1.156	0.047	0.998	0.037
WM	1.444	0.034	0.776	0.041	1.257	0.082	1.834	0.049	2.138	0.105	2.317	0.146	1.222	0.069	1.273	0.068	1.322	0.075	1.165	0.06
PM	0.763	0.067	0.571	0.07	0.651	0.075	0.43	0.024	0.616	0.062	0.448	0.049	0.379	0.041	0.515	0.064	0.668	0.069	0.491	0.048
OM	1.967	0.095	1.387	0.115	2.053	0.215	0.426	0.021	1.851	0.158	1.454	0.15	1.28	0.113	2.031	0.225	1.195	0.102	1.636	0.14
MM	1.072	0.053	1.166	0.115	0.726	0.088	0.527	0.022	1.594	0.195	0.315	0.045	1.479	0.182	0.367	0.051	0.267	0.036	0.766	0.072
EM	1.519	0.115	1.858	0.142	0.617	0.081	0.16	0.004	0.609	0.068	0.933	0.133	1.742	0.191	1.448	0.196	1.02	0.106	1.472	0.128
CM	2.961	0.132	2.01	0.133	1.939	0.167	0.52	0.02	2.067	0.142	1.739	0.142	1.553	0.11	2.037	0.16	1.52	0.087	1.33	0.084
GI	0.843	0.093	1.289	0.207	1.119	0.148	0.285	0.007	1.382	0.101	1.279	0.079	0.574	0.051	0.471	0.047	0.261	0.021	1.268	0.096
WI	0	0	0	0	0	0	0	0	0	0	0	0	0	0	0	0	0	0	0	0
CI	0.693	0.099	0.872	0.142	0.371	0.054	0.49	0.018	0.684	0.083	0.683	0.088	0.675	0.078	0.734	0.099	0.864	0.093	0.767	0.069
WC	0.527	0.062	0.762	0.108	0.819	0.103	0.642	0.033	0.653	0.078	0.78	0.094	0.832	0.094	0.722	0.096	0.827	0.087	0.821	0.078
RC	1.047	0.061	0.776	0.055	0.946	0.065	1.633	0.055	1.025	0.071	0.935	0.061	1.022	0.063	0.995	0.067	0.91	0.053	0.927	0.055
LC	0.973	0.072	0.827	0.074	0.896	0.069	1.33	0.046	0.92	0.062	0.875	0.061	0.918	0.063	0.772	0.06	0.915	0.059	0.918	0.056
TS	0.312	0.022	0.51	0.038	0.395	0.027	1.086	0.035	0.852	0.042	0.675	0.042	0.782	0.038	0.85	0.043	1.052	0.038	1.065	0.043
CS	0	0	0.595	0.055	0.485	0.038	1.833	0.062	0.519	0.043	0.485	0.044	0.547	0.044	0.685	0.077	0.406	0.036	0.615	0.047
FB	0.585	0.074	0.671	0.106	0.757	0.099	0.418	0.024	0.933	0.106	1.558	0.194	0.788	0.093	0.612	0.084	1.087	0.11	0.952	0.092
IB	0.382	0.054	1.006	0.162	1.59	0.227	0.516	0.034	1.55	0.183	1.561	0.199	1.818	0.208	1.884	0.215	1.581	0.146	2.023	0.195
RB	0.789	0.062	0.74	0.075	1.027	0.09	0.927	0.029	0.889	0.084	0.926	0.086	0.745	0.065	0.838	0.085	0.953	0.07	0.941	0.066
LS	0.877	0.086	1.008	0.151	0.876	0.112	0.669	0.026	0.888	0.105	1.063	0.131	1.067	0.127	1.027	0.136	1.057	0.119	0.897	0.095

	1981		1986		1991		1994		1995		1996		1997		1998		1999		2000	
	RSR	ER	RSR	ER	RSR	ER	RSR	ER	RSR	ER	RSR	ER	RSR	ER	RSR	ER	RSR	ER	RSR	ER
SS	0.792	0.074	1.401	0.156	1.95	0.074	0.756	0.01	0.654	0.033	1.077	0.04	1.018	0.038	1.285	0.06	1.457	0.045	1.845	0.069
PS	1.244	0.077	1.011	0.068	1.031	0.059	1.669	0.057	1.093	0.056	1.07	0.062	1.071	0.057	0.991	0.061	0.993	0.048	0.997	0.046
ES	0.687	0.041	1.962	0.177	1.88	0.16	0.85	0.032	2.189	0.156	2.166	0.175	2.019	0.155	1.721	0.149	1.334	0.088	1.524	0.101
OS	1.871	0.091	1.269	0.079	1.034	0.053	1.901	0.05	1.128	0.052	1.065	0.052	1.1	0.049	0.947	0.049	1.502	0.071	1.333	0.058

Appendix 3. Annual changes of RSR & ER: 강남 / 서초도심

	1981		1986		1991		1994		1995		1996		1997		1998		1999		2000	
	RSR	ER	RSR	ER	RSR	ER	RSR	ER	RSR	ER	RSR	ER	RSR	ER	RSR	ER	RSR	ER	RSR	ER
EI	0	0	0.924	0.193	0.656	0.157	0	0	1.079	0.363	2.251	0.728	2.24	0.679	0	0	0	0	0	0
MI	0	0	0	0	2.287	0.547	0	0	2.16	0	0	0	0	0	0	0	0	0	0	0
OI	0	0	0.909	0.11	2.056	0.525	0.97	0.095	0.146	0.034	1.811	0.664	1.507	0.37	1.405	0.487	1.418	0.325	1.552	0.536
FM	0.518	0.028	0.946	0.109	1.377	0.203	2.118	0.248	1.084	0.153	1.083	0.221	1.035	0.191	1.134	0.164	0.604	0.113	1.23	0.249
TM	0.248	0.01	0.515	0.029	0.897	0.087	0.876	0.077	0.923	0.049	1.13	0.164	0.807	0.1	0.803	0.096	0.659	0.074	0.723	0.084
WM	2.136	0.04	2.708	0.158	1.029	0.108	0.819	0.062	0.544	0.105	0.445	0.067	0.594	0.084	0.534	0.061	0.698	0.109	0.737	0.117
PM	0.169	0.012	0.304	0.042	0.42	0.079	0.414	0.067	0.325	0.062	0.366	0.096	0.358	0.099	0.473	0.125	0.376	0.107	0.415	0.125
OM	0.421	0.016	1.023	0.095	0.743	0.126	1.517	0.207	0.672	0.158	0.86	0.212	1.109	0.248	0.875	0.207	0.915	0.216	0.915	0.242
MM	1.159	0.046	1.346	0.149	1.635	0.32	0.64	0.076	1.288	0.195	1.501	0.51	1.067	0.331	0.639	0.189	0.922	0.347	1.054	0.307
EM	0.051	0.003	0.624	0.053	0.921	0.195	1.034	0.067	1.191	0.068	1.098	0.374	1.103	0.306	1.237	0.356	1.228	0.354	1.06	0.285
CM	0.471	0.017	0.607	0.045	0.598	0.083	1.792	0.198	0.792	0.142	0.976	0.191	0.955	0.17	0.86	0.144	0.94	0.149	0.751	0.146
GI	4.611	0.407	2.686	0.483	2.109	0.45	2.793	0.199	1.671	0.101	1.716	0.252	2.012	0.451	2.068	0.437	1.651	0.371	1.324	0.308
WI	0	0	0	0	0	0	0	0	2.203	0	0	0	0	0	2.305	0.156	0	0	0	0
CI	1.457	0.167	1.383	0.252	1.287	0.305	1.062	0.112	1.405	0.083	1.341	0.414	1.424	0.418	1.371	0.393	1.208	0.359	1.3	0.36

| | 1981 | | 1986 | | 1991 | | 1994 | | 1995 | | 1996 | | 1997 | | 1998 | | 1999 | | 2000 | |
	RSR	ER	RSR	ER	RSR	ER	RSR	ER	RSR	ER	RSR	ER	RSR	ER	RSR	ER	RSR	ER	RSR	ER
WC	0.374	0.035	0.629	0.099	0.929	0.189	0.711	0.104	0.986	0.078	0.846	0.244	0.914	0.261	1.002	0.283	0.989	0.287	0.994	0.29
RC	1.215	0.056	1.171	0.094	1.085	0.12	0.968	0.093	1.083	0.071	1.037	0.162	1.014	0.157	0.997	0.143	0.938	0.15	0.948	0.174
LC	1.135	0.067	1.13	0.113	1.207	0.15	0.953	0.094	0.963	0.062	0.99	0.166	0.981	0.169	0.982	0.162	0.963	0.17	1.002	0.189
TS	0.826	0.048	1.38	0.116	0.829	0.092	0.626	0.057	0.839	0.042	0.954	0.142	0.751	0.093	0.743	0.079	0.779	0.078	0.7	0.086
CS	0	0	0.946	0.098	0.489	0.061	0.746	0.071	0.715	0.043	0.703	0.153	1.223	0.251	0.958	0.23	1.253	0.31	1.245	0.291
FB	0.306	0.031	0.341	0.061	0.532	0.113	0.716	0.119	0.687	0.106	0.498	0.148	0.58	0.173	0.599	0.175	0.843	0.236	0.72	0.214
IB	0.177	0.02	0.381	0.068	0.493	0.114	0.902	0.167	0.554	0.183	0.699	0.213	0.501	0.145	0.454	0.11	0.65	0.166	0.555	0.165
RB	2.664	0.166	1.873	0.213	1.676	0.238	0.935	0.084	1.217	0.084	1.1	0.244	1.153	0.252	1.2	0.26	1.318	0.267	1.233	0.268
LS	1.013	0.08	1.179	0.197	1.471	0.304	1.124	0.123	1.204	0.105	1.28	0.377	1.284	0.386	1.302	0.369	1.374	0.426	1.398	0.458
SS	1.345	0.1	1.496	0.187	1.317	0.08	1.213	0.044	1.798	0.033	1.429	0.128	1.484	0.141	1.361	0.134	1.221	0.105	1.117	0.128
PS	1.18	0.058	1.302	0.098	1.4	0.11	0.954	0.093	0.839	0.056	0.844	0.117	0.873	0.117	0.911	0.12	0.904	0.121	0.873	0.125
ES	1.392	0.067	1.06	0.107	1.155	0.159	1.639	0.174	0.81	0.156	0.873	0.168	0.934	0.182	0.985	0.181	1.113	0.202	1.073	0.22
OS	1.24	0.048	1.339	0.093	1.366	0.114	1.246	0.092	1.137	0.052	1.183	0.139	1.148	0.13	1.185	0.132	1.07	0.139	1.109	0.149

∽ 김주일(金周一)

• 약력

서울대학교 공과대학 도시공학과 졸업
서울대학교 공과대학원 석박사 취득

미국 일리노이 주립대 국제도심재개발 교환연구원
대전광역시 도시계획상임기획단 상임연구위원
행정자치부 지방자치전문가회의 위원
현 한동대학교 공간환경시스템공학부 교수
2006년 건교부 주관 국토도시부문 최우수논문상 수상
2007년 지방자치연구 행자부장관상 수상

• 주요논저

A Study on the Reformation of the Traditional Clothing Markets in Seoul
Centrality—Movement in Seoul City Center, Functional changes and Centrality shifts
The Importance of Social Fabric in Physical Redevelopments
공간문화행태로서의 도심형 신레포츠를 위한 공간설계 연구
도심기능의 고도화도 판별방법 연구

외 다수

기능특성 분포를 통해서 살펴본
서울의 도시구조와 도심체계

초판인쇄 | 2008년 12월 20일
초판발행 | 2008년 12월 20일

지은이 | 김주일
펴낸이 | 채종준
펴낸곳 | 한국학술정보㈜
주 소 | 경기도 파주시 교하읍 문발리 513-5 파주출판문화정보산업단지
전 화 | 031) 908-3181(대표)
팩 스 | 031) 908-3189
홈페이지 | http://www.kstudy.com
E-mail | 출판사업부 publish@kstudy.com

등 록 | 제일사-115호(2000. 6. 19)
가 격 26,000원

ISBN 978-89-534-0548-6 93530(Paper Book)
      978-89-534-0549-3 98530(e-Book)